KB044507

공부하는 기계들이 온다

공부하는 기계들이 온다

: 기계와 경쟁하고, 생존하고, 공존하기 위해 지금 생각해야 할 것

2016년 8월 31일 초판1쇄 발행
지은이 박순서

펴낸이 권정희
펴낸곳 도서출판 북스톤
주소 서울특별시 서초구 서초대로 3-4, B동 908호
대표전화 02-6463-7000
팩스 02-6499-1706
이메일 info@book-stone.co.kr
출판등록 2015년 1월 2일 제 2015-000003호
ⓒ 박순서 (저작권자와 맺은 특약에 따라 검인을 생략합니다)
ISBN 979-11-87289-05-0 (03400)

이 책의 국립중앙도서관 출판예정도서목록(CIP)은 서지정보유통지원시스템 홈페이지(http://seoji.
nl.go.kr)와 국가자료공동목록시스템(http://www.nl.go.kr/kolisnet)에서 이용하실 수 있습니다.(CIP제
어번호: CIP2016020030)

책값은 뒤표지에 있습니다. 잘못된 책은 구입처에서 바꿔드립니다.

도서출판 북스톤은 세상에 오래 남는 책을 만들고자 합니다. 이에 동참을 원하는 독자 여러분의 아이디어와
원고를 기다리고 있습니다. 책으로 엮기를 원하는 기획이나 원고가 있으신 분은 연락처와 함께 이메일 info@
book-stone.co.kr로 보내주세요. 돌에 새기듯, 오래 남는 지혜를 전하는 데 힘쓰겠습니다.

공부하는 기계들이 온다

기계와 경쟁하고, 생존하고, 공존하기 위해 지금 생각해야 할 것

|박순서 지음|

북스톤

"우리는 단기적으로 과학기술을 과대평가하는 경향이 있다.
하지만 장기적으로는 과소평가한다."

—아서 클라크Sir Arthur Clarke, 공상과학 소설가, 미래학자

PROLOGUE

어떤 미래가 다가오는가

2016년 봄, 프로바둑기사 이세돌 9단과 인공지능 알파고AlphaGO의 대결이 벌어지기 전 많은 분들이 이세돌 9단의 승리를 점쳤습니다. 이세돌 9단 스스로도 대국을 시작하기 전 언론들과의 인터뷰에서 알파고를 상대로 5대 0의 승리를 자신했습니다. 반면 인공지능 알파고를 개발한 구글 딥마인드DeepMind의 설립자이자 CEO인 데미스 허사비스Demis Hassabis는 알파고가 승리할 확률을 50대 50으로 점쳤습니다. 당시 이세돌 9단은 자신감에 넘쳐 있었습니다.

"제가 보기에 5대 5는 아니고요. 5대 0이냐, 4대 1이냐인데, 한 판 질 확률이 20~30% 정도 아닐까. 5대 0 확률이 가장 높다고 봅니다. (…) 4대 1이면 물론 제가 이겼다고도 할 수 있겠지만, 아마 구글 딥마인드 쪽에서도 이겼다고 할 겁니다. 5판 중에 한 판만 이겨도요. 5대 0이 아니면 어떻게 보면 이번에는 제가 졌다, 혹은 인간이 졌다, 이렇게 나올 수도 있습니다."

하지만 불과 10여 일 후인 3월 9일부터 치러진 세기의 대결에서

이세돌 9단은 연속으로 3판을 알파고에게 내줬고 네 번째 대국에서
가까스로 한 판을 이겼지만 다시 마지막 대결에서 승리를 내줘 결국
4대 1로 패했습니다. 사람들은 경악했고, 충격에서 헤어나지 못했습
니다. 이세돌 9단은 우주에 존재하는 원자수보다 많다는 바둑의 수
를 매 순간 '직관'으로 '추론'해내며 인간계의 최고수를 넘어 '바둑
의 신(神)'으로까지 추앙받는 인물입니다. 그런 그를 끊임없이 궁지
로 몰아붙이는 집요함과 실수를 모르는 판단력, 그리고 마침내 자신
에게 부여된 '승리'를 거머쥐고야 마는 '얼굴 없는 인공지능'의 실
체가 온몸으로 전해졌기 때문입니다.

그동안 우리는 '인공지능'이라 불리는 얼굴 없는 기계를 인간은
풀기 어려운 복잡한 방정식을 눈 깜짝할 사이에 풀어내는 '고도의
정밀한 계산기'쯤으로 여겨왔습니다. 하지만 알파고라 이름 붙여진
인공지능과 인간계 최고수의 대결이라는 흥미로운 한 판 게임은 착
각에 빠져 있던 우리를 여지없이 깨우쳐 놓았습니다. 그동안 인류는
자신들의 손으로 기술의 진보를 창조하고 혁신해왔다고 믿어 의심
치 않았습니다. 우리가 누리는 편리한 삶은 '업그레이드된 계산기'
를 발명한 보상이라 여겨졌습니다. 그러나 어쩌면 우리가 지내온 나
날은 부단한 혁신의 시간이 아니라, 기술의 진보가 만들어내는 '찻
잔 속의 태풍' 안에서 누린 짧은 휴식과 망각의 시간이었는지도 모
릅니다.

알파고가 보여준 것은 '인간보다 바둑을 잘 두는 컴퓨터의 출현'
이 아니라 인류가 앞으로 경험하게 될 생경한 미래사회의 모습이었
습니다. 한 번도 경험은커녕 상상조차 하지 못했던 '생각하는 기계'
와 마주앉아 있는 냉혹한 현실과, 그 앞에 당황하는 우리의 모습이었
습니다.

인간을 닮은 기계? 아직은 '똑똑한 기계'

2010년대 초
반만 해도 우리가 생활에서 인지하는 인공지능은 컴퓨터게임 정도
였습니다. '피파FIFA온라인' 같은 게임을 하면서 '생각보다 골키퍼
가 잘 막네?' 이런 생각을 하는 식이었죠. 그 후 2014년에 나온 영화
〈HER〉는 사람보다 내 마음을 잘 이해해주는 친구 같은 존재로 인공
지능을 묘사했습니다.

그러다 2016년에 알파고가 나왔습니다. 사람들은 제법 똑똑하고
사려 깊다고만 생각했던 인공지능이 어쩌면 우리보다 더 똑똑할지
도 모른다는 두려움을 비로소 느끼기 시작했습니다. 사실 인공지능
개발은 이미 오래된 이야기였지만 체감을 못했다가, 알파고라는 예
제를 보여주니 실감한 것이죠.

로봇기술과 인공지능, 알고리즘의 눈부신 발전과 그 변화를 목격

한 사람들의 반응은 크게 두 가지입니다. 첫 번째는 '로봇이 사람보다 더 똑똑해져서 앞으로 인간을 지배하는 것은 아닐까?' 하는 우려입니다. 이미 로봇기술과 인공지능이 곳곳에서 인간의 능력을 넘어섰다는 평가가 나오고 있기 때문일 겁니다. 로봇과 인공지능이 등장하는 할리우드 영화들이 이런 유형의 스토리를 만들어내는 것도 우려를 키우는 요인입니다. 그동안 인간의 상상력 안에서만 존재해왔던 기술들을 현실에서 보는 일이 점점 많아지고 있으니 이런 염려도 이해 못할 바는 아닙니다.

미국에 본사를 둔 로봇제조 기업 보스턴다이내믹스Boston Dynamics는 최근 스스로 균형을 잡는 첨단 로봇들을 연이어 선보이며 전 세계의 주목을 받고 있습니다. '로봇에 대한 고정관념을 바꾼다'는 슬로건에 걸맞게 내놓는 로봇마다 세상을 놀라게 하고 있기 때문이죠. 이 회사가 개발한 로봇 가운데 빅독Big Dog이 있습니다. 본래 이름은 LS3Legged Squad Support Systems이지만 모양이 큰 개를 닮았다고 해서 빅독이란 애칭이 붙었습니다. 빅독은 부서진 건물더미 위나 미끄러운 진흙길 혹은 빙판길 위를 넘어지지 않고 자유자재로 걸을 수 있고 154kg이나 되는 물건을 실어 나를 수도 있습니다. 경사 35도의 험준한 산길도 문제없이 오르내릴 수 있는 로봇입니다.

사실 네 발 동물을 닮은 머리 없는 이 로봇의 외양은 볼품없습니다. 기계덩어리로 이루어진 네모난 몸통에 마주보듯 부착된 4개의 다리가 전부죠. 하지만 사람의 발길에 차이거나 미끄러운 얼음 위를 걸으면서도 넘어지지 않는 빅독을 보고 있으면 이내 소름이 돋습니다. 마치 넘어지지 않으려고 발버둥치는 살아 있는 동물을 보고 있는 듯한 착각을 일으키기 때문이죠. 어떤 환경에서도 넘어지지 않도록 정밀하게 프로그램된 빅독의 빠르고 정교한 움직임은 이 차가운 기계를 마치 감정과 생명을 가진 유기체처럼 느껴지게 만듭니다.

기계덩어리를 보며 동정과 연민을 느끼다니… 영화에서나 볼 수 있었던 일이 현실에서 일어나는 셈입니다. 로봇과 '교감'을 시도하고 있으니 말입니다. 우리가 '공상과학' 영화의 작법(作法)으로만 여기는 동안, 로봇기술은 과연 얼마나 발전한 것일까요? 빅독과 같은 로봇을 데리고 거리를 활보하는 사람들을 볼 날이 정말 멀지 않은 것일까요?

로봇공학자들의 대답은 "아니오"입니다. 로봇기술이 어느 때보다 빠르게 발전하고 있는 것은 사실이지만 인간의 능력을 빼닮은, 혹은 인간처럼 생각하고 행동하는 로봇을 현실화하는 것은 훨씬 어렵고 시간 또한 오래 걸리는 일이기 때문입니다.

미국 카네기멜론 대학교의 유명한 로봇공학자이자 인공지능 연구가였던 한스 모라벡Hans Moravec은 로봇기술의 발전이 직면하고 있는 이 같은 한계를 간단명료하게 정리한 인물입니다. 바로 모라벡의 역설Moravec's Paradox이죠.[1]

"컴퓨터에게 성인 수준의 지능검사를 하게 하거나 체스를 두게 하는 것은 쉽지만, 한 살짜리 갓난아기의 인지능력과 움직임을 갖게 하기란 불가능에 가깝다."

로봇이나 인공지능이 인간처럼 생각하고 행동하며 머지않은 미래에 인류의 큰 위협이 되리라 생각하는 것은 로봇과 인공지능의 발전을 지나치게 과대평가한 것이라는 게 로봇공학자들의 일관된 견해입니다. 이것이 인공지능을 바라보는 두 번째 의견입니다. 즉 로봇의 인간 지배와 같은 일은 앞으로도 상당 기간 일어나기 어렵다는 것이죠. 일어난다 해도 수백 년 후에나 가능하다고 잘라 말하고 있습니다.

영화에서는 로봇이 폐허가 된 도로를 뛰어다니고 실연당한 주인공을 위로하는 일이 흔합니다. 하지만 스크린 밖의 현실은 그렇지 않습니다. 로봇공학자들은 거동이 불편한 노인에게 차 한잔 가져다줄 수 있는 로봇을 개발하는 것조차 쉽지 않은 게 현실이라고 말합니다. 몸이 불편해 침대에 누워 있는 노인을 생각해보죠. 옆에 있는 로봇에게 "부엌에 가서 차 한잔 가져다줘"라고 말할 수 있습니다. 그러면 로봇은 '부엌까지 가서' '선반에 있는 여러 물건 중에서 차를 찾는' 일을 해내야 합니다. 그런 다음에는 '차를 떨어뜨리지 않게 적정한 힘으로 잡아야 하고' '찻잔에 물을 따라 차를 넣는 것'과 같은 작업을 수행해야 합니다. 실제로는 이보다 훨씬 많은 임무가 로봇에게 부여됩니다. 물을 끓이거나 침대에 누워 있는 노인이 뜨거운 물에 다치는 일이 없도록 안전하게 전해주는 것들도 포함됩니다. 언론이나 영화에 인간을 닮은 로봇이 등장하는 경우가 많아지면서 이런 일을 로봇이 쉽게 해낼 수 있는 것처럼 여겨지기도 합니다만, 아직까지 이 모든 작업을 해낼 수 있는 로봇은 존재하지 않는 것 또한 현실이죠.

로봇공학의 발전을 말하면서 우리가 흔히 저지르는 실수 한 가지는 인간의 능력을 갖춘 다재다능한 로봇을 너무 쉽게 상상한다는 사실입니다. 그보다 현실에서의 로봇은 어느 한 분야에서 자신에게 주어진 임무를 수행하도록 고안된 똑똑한 기계라고 보는 게 더욱 정확합니다. 집을 청소하고 학교에서 돌아온 아이들과 놀아주고 주인이 집을 비우면 빈집을 지켜주는 다재다능한 로봇은 존재하지 않는다는 말입니다. 물건을 옮기거나 침입자를 감시하는 일처럼 어느 한 분야에만 특화된 로봇을 만들 수 있는 게 로봇공학의 현 수준이죠. 인간을 닮은 로봇에 대한 우리의 기대와 호기심 때문에 로봇기술의 발전 수준이 실제보다 과대포장되고 있는 셈입니다.

문제는 '기계의 지배'가 아니라 '더 나쁜 미래'다

그렇다면 최근 우리가 목격하고 있는 현상들은 어떻게 바라보아야 하는 걸까요? 이미 도로에는 시험주행이기는 하지만 사람 대신 자동차가 스스로 운전하는 자율주행차가 다니고 있습니다. 인공지능이 세계 바둑 최강자를 보란 듯이 이겼고, 사람 대신 기사를 작성하고 물체나 사람을 인식하고 사람의 음성으로 설명해주는 인공지능도 나왔습니다. 사람이 일일이 정보를 입력해 가르쳐야 했던 인공지능이 이제 스스로 부족한 점을 보완하고 학습해가며 컴퓨터 게임을 혼자서 마스터하는 수준까지 도달했습니다.

로봇은 어떤가요? 물류창고에서 알아서 물건을 실어 나르고 작업자 옆에 서서 물건을 포장하기도 하고 필요한 부품을 골라내는 등 자신에게 주어진 임무를 묵묵히 이행하고 있습니다. 사람의 음성을 알아듣고 다른 언어로 번역하거나 통역하는 서비스가 나온 지도 벌써 몇 년이 되었습니다. 오늘날 로봇들의 활약상은 일일이 열거하기 힘들 정도입니다. 이들은 머신러닝machine learning이라는 자기학습법을 통해 지금 이 순간에도 스스로를 끊임없이 발전시켜 나가고 있습니다.

로봇과 인공지능 분야에서 이루어지고 있는 최근 과학기술 발전의 가장 큰 특징은 사람과 같은 로봇이 어느 날 출현해 인간이 하던 모든 일을 대신하리라는 것이 결코 아닙니다. 그보다는 사람이나 동물의 일부 기능, 즉 손과 발, 눈과 뇌를 대체할 수 있는 로봇과 인공지능의 발전이 어느 때보다 빠른 속도로 진행되고 있고, 이 기술들을 통합하는 것은 물론 다른 분야에도 빠르게 확산 적용할 수 있다는 점입니다.

그러니 인공지능과 로봇기술, 알고리즘의 발전이 주도하고 있는 오늘날의 변화에 인류의 종말이 닥칠 것처럼 과장해서 지레 겁먹는 것은 그리 적절하지 않아 보입니다. 지나친 염려는 이런 변화들이 가지는 의미가 무엇인지, 세상이 어느 방향으로 변화하고 있는지를 이해하고 미래사회가 가져올 충격과 혼란에 대비하는 데 오히려 걸림돌이 될 수도 있습니다.

물론 기술발전을 가볍게 여기라는 뜻은 아닙니다. 인류 역사를 통틀어볼 때, 더 나은 미래를 향한 변화를 끌어내는 가장 큰 원동력은 언제나 '기술의 발전'이었습니다. 하지만 현재의 기술발전이 지금까지 그래왔던 것처럼 인류를 보다 나은 삶으로 이끌까요? 쉽게 장담하기는 어렵습니다. 지금까지 이루어진 자동화 때문에 이미 적지 않은 인간의 일자리가 사라졌습니다. 그리고 앞으로는 지금보다 훨씬 빠른 속도로 남아 있는 일자리를 위협할 것이 확실시되고 있기 때문입니다. 2016년 1월에 열린 세계경제포럼WEF은 2020년까지 인공지능 로봇 때문에 일자리 700만 개가 사라질 것으로 전망하기도 했습니다.[2]

무서울 정도로 발전하고 있는 인공지능과 로봇, 알고리즘은 그동안 안정된 삶을 영위해왔던 많은 이들의 일자리를 위협하고 있습니다. 오랜 지식과 경험, 숙련된 기술을 가져야만 가질 수 있던 방사선과 의사 같은 직업에서부터 햄버거 패티를 구워내는 저숙련 단순노동까지, 기술이 대체할 수 있는 인간 직업의 한계가 사라지고 있습니다. 운전과 청소, 경비와 비서, 유통 분야는 물론 부동산업과 통·번역, 회계사나 변호사 업무 등을 막론해 우리에게 익숙했던 온갖 직업들이 기계에 의해 대체될 위험에 직면해 있습니다. 로봇기술의 발전이 가장 빠른 미국에서는 현존하는 직업군 702개 가운데 절반가량인 47%가 20년 안에 컴퓨터와 로봇, 인공지능 기술에 의해 자동화될 것이라는 연구결과도 이미 나와 있습니다.[3] 우리 눈앞에서 지금 펼쳐지고 있는 전에 없던 과학기술의 태동과 혁명은 그 서막을 의미합니다.

과학기술이 대체하기 힘든 분야라 해서 마음 놓을 수 있는 것도 아닙니다. 직업 자체가 사라지지는 않더라도 해당 직업이 필요로 하는 능력과 기술은 지금과 완전히 달라질 가능성이 높기 때문입니다. 방사선과 의사나 언론사 기자들이 CT나 MRI를 판독하고 기사를 작성하는 로봇기술에 의해 직업 자체를 빼앗기지는 않더라도, 알고리즘이 지배하는 변화된 시대에 걸맞은 새로운 능력과 자질을 요구받게 될 것이 분명합니다.

어떤 미래를 준비해야 하는가

　　　　　　　　　　　　　　대한민국의 평범한 30~40대
와 50대에게는 열심히 공부하고 일하면 부모 세대보다 더 나은 삶을
살 수 있다는 믿음이 있었습니다. 하지만 어쩌면 이들은 하루가 다르
게 진화하는 인공지능과 로봇에 의해 대체되지 않는 마지막 세대인
지도 모릅니다. 좋은 대학에 입학하면 안정적인 직장에 취직할 수 있
고 행복한 가정을 꾸려 편하게 살 수 있다던 성공공식은 이제 고루한
옛날이야기가 됐습니다.

　문제는 이들의 다음 세대입니다. 이들은 부모들이 경험하지 못했
던 새로운 세상과 마주해 평생 치열한 싸움을 계속해야 할지도 모릅
니다. 기술발전이 만들어내는 환경 변화에 쉴 새 없이 적응하면서 생
존을 도모해야 할 가능성이 어느 때보다 높아지고 있기 때문입니다.
그들이 상대해야 할 경쟁자가 비단 인간만이 아니라 로봇이나 인공
지능, 알고리즘과 같은 컴퓨터 과학기술이란 점 또한 우려를 키웁니
다. 기계는 시간이 지날수록 더욱 빠른 속도로 발전할 것이고, 인간
만이 가능했던 영역들을 빠르게 잠식해나갈 것이 분명하기 때문입
니다. 알파고와 이세돌 9단의 대결에서 이미 경험했던 것처럼 그들
은 결코 지치지도 않습니다.

　우리의 아이들 그리고 그다음 세대들은 미래를 어떻게 준비해야
할까요? 의사나 변호사, 판·검사나 기자, 공무원처럼 그들의 부모

세대들이 선망해왔던 '번듯하고 안정된' 직업을 지향해야 할까요? 그러기 위해 늦은 밤까지 학원을 전전하며 좋은 대학에 가기 위해 국·영·수 문제 풀이에 매달려도 괜찮을까요? 이들 분야는 이미 언어분석text mining이나 알고리즘 등을 통해 빠르게 자동화되고 있는데도요?

누군가는 현재 벌어지고 있는 기술발전과의 싸움에서 승리하겠지만, 그보다 훨씬 많은 아이들이 과학기술의 발전이 불러올 지각변동에 적응하지 못해 좌절할 가능성 또한 현재로서는 높습니다. 자신의 부모들이 살아왔던 시대와는 완전히 다른 방법으로 미래를 준비해야 할 이유가 여기에 있습니다.

인터넷 사회학자인 하워드 레인골드Howard Rheingold는 "로봇이 인간을 위해 남겨둘 일자리는 사고와 지식을 필요로 하는 직업이 될 것"이라고 내다봤습니다. 감성이나 사회성, 창의성처럼 로봇기술이나 인공지능으로 자동화하기 어려운 인간만의 고유한 역량을 교육하고 발전시키는 방향으로 교육 시스템을 재설계해야 한다는 게 미래학자들의 공통된 의견입니다. 로봇과 알고리즘, 인공지능이 잘할 수 없거나 그럴 만한 가치가 없는 분야에서 인간만의 가능성과 희망을 찾아야 한다는 이야기와 다르지 않습니다.

컴퓨터는 세상 누구보다 빠르게 계산할 수는 있지만 '수학'이라는 학문 자체를 만들어낼 수는 없습니다. 이처럼 미래에 필요한 인재는

남들보다 빠르게 계산하는 사람이 아니라 사회 각 분야에서 풀리지 않는 문제들을 찾아 새롭게 정의하고 다양한 지식과 정보를 활용해 문제를 해결할 수 있는 종합적인 사고력과 창의력을 갖춘 이들일 것입니다. 국어와 영어, 수학문제를 기계적으로 풀고 획일적으로 창의성을 학습하는 방식으로는 더 이상 성공할 수 없는 시대로 이미 바뀌고 있습니다.

그런데도 여전히 우리의 아이들은 부모 세대들이 그래왔던 것처럼 수십 년째 변하지 않는 교육환경에 갇힌 채 외로운 싸움을 견뎌내고 있습니다. 똑같은 교실, 똑같은 칠판 앞에 앉아 선생님이 가르쳐주는 기존의 지식을 암기하고 복습하느라 소중한 시간을 낭비하고 있죠. 머지않은 미래에 로봇과 인공지능, 알고리즘에 추월당할 분야에 매달려 미래사회에 가장 취약한 인력을 대량으로 생산하고 있는 현재의 교육 시스템은 바뀔 기미가 보이지 않습니다. 변하지 않는 현실 속에서, 미래의 변화가 가져올 충격과 파장의 깊이를 가늠할 수 없다는 불안감만이 한국사회를 지배하고 있습니다.

이 책에는 현재 우리가 목격하고 있는 기술혁신이 어떤 미래를 만들어낼지, 우리의 자녀들이 스스로의 가치를 발견하고 미래사회가 필요로 하는 인재로 성장할 수 있는 방법은 무엇인지, 그리고 그들의 미래를 위해 지금 우리가 해야 할 일은 무엇인지에 관한 고민이 담겨 있습니다. 로봇기술과 인공지능, 알고리즘 개발을 통해 지금 이 순간에도 새로운 세상을 열어가고 있는 전 세계 혁신가들의 미래 전망과 그들이 시시각각 앞당기고 있는 미래사회가 불러올 파장, 이에 대한 대안을 고민하고 있는 세계 석학들의 입을 통해 미래 세대가 열어가야 할 길을 함께 고민해보고자 합니다.

지금 이 순간에도 수많은 취업준비생들과 초중고교 학생들이 도서관과 학교, 학원에서 불안한 자신의 미래를 볼모로 늦은 밤까지 씨름하고 있습니다. 그들의 고단하고 지난한 싸움을 말없이 바라보고 있는 부모들의 심정 또한 불안하고 안타깝기는 마찬가지입니다. 지금까지 존재하지 않았던 직업을 갖게 될 가능성이 어느 때보다 높은 우리의 자녀들과 그다음 세대들. 이들에게 새로 생겨날 직업들은 어떤 모습인지, 미래사회가 필요로 하는 인재는 어떤 자질과 능력을 갖춰야 하는지에 관한 큰그림을 그려주는 것이야말로 오늘날의 기술 발전을 이끌어온 기성세대들이 감당할 몫이 아닐까 싶습니다.

CONTENTS

PART ONE

기계와의 대결 2 라운드

인간처럼 예측하고
상상하는 기계

CHAPTER **1**

  인공지능Artificial Intelligence에 대한 관심이 높습니다. 그동안 인공지능과 관련한 뉴스들은 이미 꽤 많았지만 최근처럼 관심이 높았던 적은 없는 것 같습니다. 인공지능은 그동안 현실과는 동떨어진 것으로 인식되었던 것도 사실이고요. 기계가 인간처럼 '생각'을 할 수 있다고 상상하기는 어려웠으니까요.

  하지만 이세돌 9단과의 대결에서 승리한 알파고는 그동안 사람들이 인공지능에 대해 가졌던 생각이 오히려 현실과 동떨어져 있었음을 깨닫게 했습니다. 인공지능이 비현실적이었던 게 아니라 인공지능의 발전 수준을 얕잡아본 사람들의 생각이 현실적이지 못했던 것이죠.

  그렇다면 현재 인공지능의 발전 수준은 어느 정도까지 와 있는 걸까요?

인간의 뇌를 흉내내다

이런 그림 많이 보셨죠?

인터넷을 하다 특정 웹사이트에 회원가입을 하려면 이런 그림이 꼭 뜹니다. 그림에 보이는 글자와 숫자를 빈 칸에 적으라고 말이죠. 바로 캡차CAPTCHA라는 겁니다. 'Completely Automated Public Turing test to tell Computers and Humans Apart'의 머릿글자를 따서 만든 이름으로, 말 그대로 '컴퓨터와 사람을 구별하기 위한 자동 테스트'입니다.

그런데 회원가입을 하면서 왜 내가 컴퓨터인지 사람인지 구별해야 할까요?

여기서 말하는 컴퓨터란 인터넷에 악의적인 스팸이나 똑같은 댓 글을 올리는 자동화된 프로그램, 봇Bot을 의미합니다. 이런 프로그램들은 짧은 시간 안에 수천 개의 이메일 계정을 만들어가며 똑같은 스팸 메일을 대량으로 발송하거나 비밀번호를 무작위로 바꿔가며 진짜 비밀번호를 알아낸 뒤 특정 사이트에 가입해 피해를 주기도 합니다. 캡차는 이처럼 자동화된 봇에 의한 피해를 막고자 고안된 '자동 가입 방지 프로그램'인 셈입니다.

위의 그림에서 보듯 캡차는 찌그러진 모양의 문자와 숫자, 그리고 이런 문자와 숫자들을 쉽게 인식할 수 없도록 만들어진 배경 이미지의 조합으로 이루어져 있습니다. 가끔은 사람도 문자와 숫자를 정확히 읽어내기 어려울 만큼 까다로운 캡차가 생성되기도 하지만, 그래도 사람은 캡차 생성 프로그램이 만들어내는 문자와 숫자를 대부분

정확히 맞힐 수 있습니다. 유심히 들여다본다면 말이죠.

하지만 프로그램인 봇Bot은 이처럼 왜곡된 형태의 문자와 숫자를 인식하기 어렵습니다. 캡차처럼 찌그러진 형태의 문자와 숫자가 본래 어떤 모양이었는지를 추론해낼 수 없기 때문이죠.

아래 그림은 비교적 쉬운 캡차입니다. 하지만 네 번째 기호는 보기에 따라 '8' 같기도 하고 알파벳 'a' 같기도 합니다.

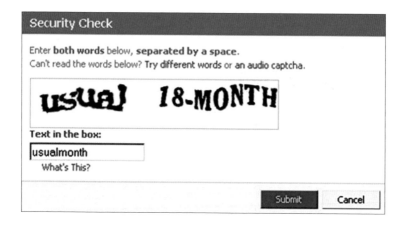

이런 경우 사람은 앞의 알파벳 세 자리와 마지막 알파벳 'l'을 보고 'usual'을 떠올리며, 왜곡된 형상이 숫자 8이라기보다는 영문자 'a' 일 가능성이 더 높다고 추론할 수 있습니다. 알파벳의 자음이나 모음 일부분 혹은 숫자의 일부분이 끊어져 있더라도 주어진 정보들을 종

합해 보이지 않는 나머지 부분을 예측해내는 겁니다.

이런 일이 봇Bot에게는 불가능에 가깝습니다. 각각의 이미지들이 가진 패턴을 인식해 그림 안에 A나 B가 있다는 사실을 찾아낼 수는 있지만 자음이나 모음 그리고 숫자의 일부분이 깨진 것을 보고 빠져 있는 나머지 부분까지 생각해내는 능력은 없으니까요. 없는 것을 찾아내는 능력, 즉 예측이나 추론은 인간만이 가진 '지능'에 속합니다. 다시 말해 기계가 단기간에 모방하거나 극복할 수 없는 인간만의 영역인 셈이죠.

인간에게는 어느 정도 정보가 주어지면 그다음에 어떤 일이 일어날지 예측할 수 있는 능력이 있습니다. 예측이 완전히 맞지는 않더라도 말입니다. 소프트웨어가 인간의 이런 예측 능력 혹은 추론 능력을 흉내 낼 수 있게 된다는 것은 곧 인간처럼 생각하는 인공지능을 만들어낸다는 것과 다름없습니다. 다시 말해 추론하는 기계를 만든다는 것은 인간 수준의 인공지능을 개발하기 위해 넘어야 할 가장 높은 장애물이자 핵심 연구과제인 셈이죠.

컴퓨터가 만들어낸 프로그램들은 아직 캡차를 통과할 수 있는 수준에 도달하지 못했습니다. 캡차가 내놓는 시험문제를 풀 수 있는 건 '사람'뿐이고, 오직 사람만이 그 테스트를 통과할 수 있다는 의미입니다.

'튜링 테스트Turing Test'라는 것이 있습니다. 2014년 개봉된 영화 〈이미테이션 게임Imitation Game〉에서 주연배우 베네딕트 컴버배치가 연기한 천재 수학자 앨런 튜링Alan Turing의 이름에서 유래됐습니다. 앨런 튜링은 2차 세계대전 당시 독일군이 만든 해독 불가능한 암호 '에니그마'를 풀어 연합군이 승리하는 데 결정적 기여를 한 인물입니다. 앨런 튜링은 1950년에 자신의 이름을 따서 만든 튜링 테스트라는 걸 제안합니다. 기계, 즉 컴퓨터나 봇Bot 같은 프로그램에 인간만이 가진 '지능'이 있는지 확인하기 위해 만들어진 테스트였죠.

어떤 사람(A)이 컴퓨터 앞에 앉아 있다고 생각해보세요. 그 사람 앞에는 칸막이가 있고, 칸막이 너머에는 컴퓨터 한 대(B)와 또 다른 사람(C)이 있다고 가정하죠. A는 칸막이 너머를 볼 수 없습니다. 따라서 B와 C 중 어느 쪽이 진짜 사람이고 컴퓨터인지 알 수 없죠.

실험 조건은 이렇습니다. 사람 A는 칸막이 너머에 있는 B, C와 각각 컴퓨터를 통해서만 대화할 수 있습니다. 문자로만 대화를 주고받는 방식이죠. B와 C는 각각 자신이 진짜 사람이라는 주장을 펼치며 A를 계속 설득해야 합니다. 이런 상황에서 A는 상대방 중 어느 쪽이 진짜 사람이고 컴퓨터인지 알아내야 합니다.

튜링은 만약 A가 상대방 중 어느 쪽이 컴퓨터인지 구분해내지 못했다면 그 컴퓨터는 생각하는 능력, '지능'을 가진 것으로 보아야 한다고 여겼습니다. 사람이 자신과 대화하고 있는 상대방이 컴퓨터인

지 사람인지 구별해낼 수 없을 정도로 뛰어나다면 그 컴퓨터는 진정한 의미에서 '생각하는 능력'이 있다는 뜻입니다.

앨런 튜링이 1950년 맨체스터 대학에 근무하면서 〈계산 기계와 지능Computing Machinery and Intelligence〉4이라는 논문을 통해 처음 제시한 이래, 튜링 테스트는 지금까지 '컴퓨터 혹은 인공지능이 인간처럼 생각할 수 있는지'를 판별하는 과학계의 가장 중요한 기준이 되어왔습니다.

캡차 또한 일종의 튜링 테스트입니다. '캡차'라는 이름에 이미 'Turing(튜링)'이라는 단어가 포함돼 있기도 하고요. 다시 말해 캡차는 어떤 웹사이트에 회원가입을 시도하고 있는 상대방이 인간인지 아니면 컴퓨터가 만들어낸 프로그램인지를 자동으로 식별하기 위한 튜링 테스트인 셈입니다.

그동안 많은 과학자들이 캡차를 통과하기 위해 시도했지만 번번이 실패했습니다. 사람처럼 예측하거나 추론할 수 있는 능력을 가진 컴퓨터를 만들지 못했기 때문입니다.

그러다 2013년 처음으로 캡차 통과에 성공한 인공지능이 나타납니다. 바로 실리콘밸리에 있는 비카리우스Vicarious라는 회사의 인공지능이었죠. 비카리우스는 2010년 뇌공학자인 딜리프 조지Dileep George가 소프트웨어 엔지니어 스콧 피닉스Scott Phoenix와 공동으로 창업한 회사입니다. 비카리우스는 실제 뇌가 작동하는 원리를 컴퓨터 알고리즘에 적용해 사람의 뇌처럼 다양한 분야에 활용할 수 있는 인공지능을 만들고 있습니다. 그리고 그들이 만든 인공지능은 구글과 야후, 페이팔닷컴, 캡차닷컴Captcha.com 등 수많은 웹사이트에서 캡차의 이미지를 인식하는 데 성공했습니다. 성공률은 무려 90%에 달했습니다. 인간의 뇌를 모델링한 결과입니다.

인공지능이 캡차를 통과했다는 사실은 무엇을 의미할까요? 기계가 예측하고 상상하는 능력을 가지게 되리라는 사실입니다.

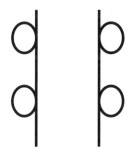

위 그림을 한번 보시죠. 여러분은 이게 무엇을 그린 그림으로 보이나요?

비카리우스의 인공지능은 이 그림을 '나무를 기어오르는 곰'으로 인식했습니다. 뒤틀어지고 끊어진 캡차에서 원래 모양을 추출해내듯, 주어진 4개의 발과 2개의 선에서 '나무 오르는 곰'을 추측해낸 겁니다.

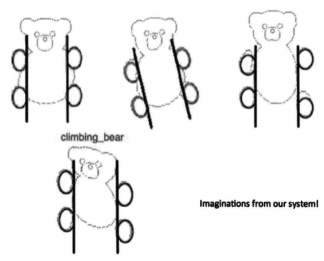

climbing_bear

Imaginations from our system!

▼인간 수준의 지능을 가진 비카리우스의 인공지능[5]

캡차나 튜링 테스트에서 보듯이, 그동안 인공지능이 넘지 못했던 장벽이 곳곳에서 무너지고 있습니다. 인공지능이 적용될 수 있는 분야의 한계가 사라지고 있다는 의미입니다. 특정 분야 혹은 미리 설정된 범위 안에서만 작동하는 인공지능을 'ANI Artificial Narrow Intelligence' 라 부릅니다. 말 그대로 '좁은 인공지능'을 가리키며 애플의 시리Siri 가 대표적인 예입니다. 무인자동차 혹은 자율주행차에 적용되는 인공지능 역시 마찬가지입니다. 인간이 가진 일부분의 기능을 대신하기 위해 만들어진 인공지능입니다.

ANI 분야에서 인공지능은 이미 인간과 대등하게 경쟁하고 있거나, 오히려 인간의 능력을 추월하는 경우도 생겨나고 있습니다. 예컨대 페이스북이 개발한 챗봇Chatbot도 그런 경우죠. 비서처럼 인터넷에서 물건을 대신 주문해주거나 출장 가려는 지역에 미리 호텔을 예약해주는 등, ANI 분야에서는 이미 인공지능이 인간의 일자리를 상당 부분 대체할 수 있을 만큼 기술발전이 이루어져 왔습니다. 삼성전자의 이근배 전무는 언론 인터뷰에서 "5~10년 뒤에는 AI를 적용해 목소리나 동작만으로도 이용자의 감정을 읽어내는 서비스 로봇이 상용화될 것"이라 전망하기도 했습니다. 추워서 몸을 움츠리면 그 동작을 인지하고 자동으로 창문을 닫고 난방기기를 작동하리라는 것입니다.[6]

그럼에도 이는 어디까지나 특화된 한 가지 영역에 국한된 기능일 뿐, 다양한 분야에서 인간처럼 유연하게 생각하고 행동하는 인공지능을 만들기까지는 아직 갈 길이 멉니다.

딜리프 조지가 몸담고 있는 비카리우스는 현재의 ANI 시스템을 넘어 'AGI Artificial General Intelligence' 시스템 개발에 힘을 쏟고 있습니다. 모든 분야에서 인간처럼 매우 유연한 인공지능을 개발하고자 하는 것이죠. 인간처럼 세상을 이해하고 상황에 적응할 수 있는, 인간과 같은 상식을 가진 인공지능을 개발하는 게 비카리우스의 궁극적인 목표입니다.

비카리우스가 AGI 개발에 도전할 수 있게 된 것은 인간 뇌의 신비에 다가가는 우리의 발걸음이 빨라진 덕분입니다. 기술이 발전하면서 인간의 뇌에 대한 신비도 계속해서 풀리고 있죠. 비카리우스의 공동창업자이자 최고기술책임자인 딜리프 조지는 인간의 뇌가 작동하는 방식은 기계가 작동하는 방식과 다르지 않다고 말합니다. 인간의 뇌에 대한 신비는 결국 인간에 의해 풀릴 것이고, 따라서 인간의 뇌를 닮은 인공지능을 개발하는 것 또한 가능하다고 믿고 있죠.

"기본적인 전제는 뇌가 작동하는 방식을 이해할 수 있다는 겁니다. 우리 머릿속에 있는 것은 사실 기계나 다름없습니다. 따라서 뇌가 작동하는 방식만 이해할 수 있다면 인간처럼 작업하는 기계를 만드는 것도 가능합니다. 하지만 인간 수준의 인공지능을 만들기까지는 아직 갈 길이 멀죠. 얼마나 걸릴지 지금으로서는 알 수 없습니다. 현재 이 분야에서 많은 연구가 이루어지고 있지만 그에 비해 획기적인 결과물은 많지 않으니까요. 돌파구가 언제 마련될지는 아무도 모릅니다. 다만 현재 많은 투자가 이루어지고 있고 수많은 똑똑한 사람들이 이 연구에 매달리고 있는 만큼, 결국 인간 수준의 인공지능은 개발될 겁니다. 남은 문제는 이런 일이 언제 일어나느냐 하는 것이죠."

　딜리프 조지의 말은 결국 기계가 인간이 하는 거의 모든 일을 할 수 있게 되리라는 것입니다. 그 시기가 언제일지는 아직 알 수 없더라도 말이죠. 인간의 뇌는 기계나 다름없고, 인공지능이 인간의 능력 대부분을 복제하는 걸 막지 못할 것이라는 이야기죠. 물론 머나먼 미래에나 이루어질 시나리오일 수도 있습니다. 하지만 현재 인간이 당면한 인공지능 개발의 현실을 보고 있노라면 그가 그리는 미래가 그렇게 먼 훗날의 일은 아닐 수도 있다는 생각이 듭니다.

인간의 상식을 갖춘 기계

미국 카네기멜론 대학의 연구실에 있는 닐NEIL은 오늘도 공부에 여념이 없습니다. 닐은 사람이 아니라, 모든 것을 혼자서 배우고 학습하는 컴퓨터 프로그램입니다. 닐NEIL이라는 이름은 'Never Ending Image Learner'에서 왔습니다. 말 그대로 세상에 존재하는 이미지를 끊임없이 학습하는 프로그램이죠. 결코 쉬는 법이 없다는 뜻이기도 합니다. 일주일 내내 24시간 작동하는 프로그램이죠.

닐은 왜 허구한 날 '이미지'를 공부하고 있는 걸까요?

이 질문은 닐과 같은 프로그램이 왜 필요한지와 관련이 있습니다. 사람들은 자동차에는 바퀴가 있고 구름은 하얗고 말이나 소의 다리는 4개라는 사실을 알고 있습니다. 사람은 얼굴에 눈과 코가 있다는 사실도 알고 있죠. 이런 것을 우리는 '상식'이라 부릅니다. 하지만 곰곰이 생각해보세요. 우리는 이런 상식들을 어떻게 알게 되었죠? 명쾌하게 답하기 어려운 질문입니다. 매 순간 상식 없이는 살 수 없는데도 우리가 어떻게 그것을 알게 되었는지는 모호합니다.

 길을 걸어가는데 네모난 모양에 바퀴 달린 물체가 다가오면 우리는 자동차가 달려오고 있다는 사실을 알게 됩니다. 부딪히면 목숨을 잃거나 다치는 등 매우 위험해진다는 사실도 익히 알고 있습니다. 이처럼 어떤 물체나 대상, 앞으로 일어날 일들을 추론하기 위해 우리는 상식이란 걸 사용합니다. 하늘을 향해 공을 던지면 그 공이 다시 아래로 떨어진다는 사실을 우리는 이미 알고 있습니다. 욕조에 물을 계속 틀어놓으면 결국은 넘칠 거란 사실도 알고 있죠.

 상식이란 이처럼 인간에게는 너무나 당연하고 기본적인 것들입니다. 하지만 컴퓨터의 입장에서는 사정이 전혀 다릅니다. 기계에게 이런 상식들은 너무 복잡하고 접근하기 어려워요. 왜 그럴까요? 집에 관해 한번 생각해보죠. 집에 사는 가족부터 집 안에 있는 물건들, 또 집의 위치나 모양 혹은 어린 시절의 추억까지, 누군가가 여러분에게 집에 관한 이야기를 들려달라고 하면 얼마나 많이 나열할 수 있을까요? 아마 끝이 없을 겁니다. 이 또한 인간이 이루고 있는 세상 속에 존재하는 하나의 사례에 불과합니다. 인간 세상에 존재하는 상식과 사실들은 집에 관한 것 말고도 너무나 많습니다.

 "기린을 승용차에 넣을 수 있을까?" 만약 누군가가 이렇게 물어온다면 어떻게 대답할까요? 사람들은 이런 질문에 대한 답을 이미 알고 있습니다. 전혀 생각해본 적이 없는데도 말이죠. 기린의 크기와 자동차의 크기를 계산해보거나 비교해보지 않아도 이런 질문에 바로 답할 수 있는 것은 인간에게 상식이 있기 때문입니다. 직접 경험해보지 않아도 답을 추론해낼 수 있는 능력 때문에 가능한 일이죠. 기계에는 없는 인지능력입니다.

이 모든 정보를 컴퓨터에 입력해 인간 수준의 상식을 가진 인공지능을 만들려면 얼마나 오랜 시간이 필요할까요? 세상에 존재하는 모든 정보를 일일이 입력한다는 것 자체가 아마 불가능할 겁니다. 자전거 페달을 계속 밟지 않으면 넘어진다는 것 같은 상식들을 일일이 컴퓨터에 입력할 수 있을까요?

'Never Ending Image Learner' 닐은 그래서 다른 방법을 택했습니다. 닐이 하는 일은 하루 종일 인터넷에 올라오는 모든 사진과 비디오를 다운로드 받는 겁니다. 그러고는 눈앞에 보이는 이미지들을 이해하죠. 이 같은 방식으로 닐은 이미지 안에 있는 사람이나 자동차, 어린이, 고양이 같은 사물들을 하나씩 알아갑니다. 그러면서 그들의 위치나 관계, 행위 같은 추상적인 상식과 사실들에 대해서도 점차 눈떠가고 있죠. 10년 전에는 아무리 사진을 보여줘도 기계가 알아볼 수 있는 확률이 5% 미만이었습니다. 그러나 지금은 99%까지 올라갔습니다.

예를 들어 닐은 인간의 도움을 전혀 받지 않고 '컬럼비아Columbia'라는 단어가 서로 다른 4가지 의미로 사용되고 있다는 사실을 깨달

았습니다. 미국에는 컬럼비아 강Columbia River도 있고 컬럼비아 대학 Columbia University도 있습니다. 우리가 잘 아는 스포츠웨어 브랜드 중에 도 컬럼비아Columbia Sportswear란 단어가 사용되고 있습니다. 그리고 영화사인 컬럼비아 픽처스Columbia Pictures도 있죠. 그저 무수히 많은 사진과 비디오를 봤을 뿐인데 공통적으로 사용되고 있는 컬럼비아 가 사실은 서로 다른 의미로 쓰인다는 것을 닐이 스스로 알게 된 겁 니다.

닐은 그저 이미지를 보는 것만으로 인간 세상을 경험하고 있습니 다. 더 많은 이미지를 볼수록 더 많은 상식과 사실들을 배우게 될 겁 니다. 나아가 이제는 상식과 개념들 사이에 존재하는 관계에 대해서 도 깨닫기 시작했습니다. '증권거래소에는 사람들이 북적인다'라든 지, '코롤라Corolla는 자동차의 한 종류'라든지, '대나무 숲은 수직적 인 모양'이라든지 '피라미드는 이집트에 있다'든지와 같은 상식들 을 알아가고 있습니다. 끝없이 이미지를 보는 것만으로 말이죠.

닐이 세상을 알아가는 방식은 아기가 주변의 사물이나 환경에 눈 떠가는 과정을 닮았습니다. 이 방식의 특성을 송길영 다음소프트 부 사장은 이렇게 설명합니다.

"기계에 정보를 집어넣는 방식이 어떤 식이었느냐면, 사람이 규정 하는 것이었어요. 사람이 하나하나 가르쳐주는 것이었죠. 이렇게 하면 기계가 점점 정교해지고 사람이 시킨 일을 충실히 따를 수 있다는 장점이 있죠.

하지만 그러려면 사람이 전부 다 규정할 수 있어야 해요. 예를 들어 강아지를 인식시키려면 '다리가 4개이고 털이 있고 막 뛰어오기도 하고' 이런 식으로 규정해야 하는데, 설명방식은 저마다 다르고 방대하죠. 지금은 그 대신 '이렇게 생긴 동물이 강아지야'라는 것을 수천만 장 보여주는 거예요. 그것을 본 기계가 '이런 패턴이 나오면 사람들이 강아지라 인식한다'는 것을 알게 하는 거죠. 이렇게 하려면 데이터가 있어야 하는데, 빅 데이터 세상이 되면서 가능해졌어요. 전 세계에 있는 수많은 사람들이 강아지 사진을 올리면서 태그를 달죠. 이런 정보도 모두 기계의 학습 데이터로 쓰이는 거예요.

아이가 언어를 배울 때 두 가지 방식이 있어요. 외국어를 배울 때에는 문법을 배웁니다. 그런데 모국어는 그렇게 안 배워요. 그냥 어른이 하는 말을 따라 하는 거죠. 말의 패턴을 배우는 거예요. 거기서 수많은 예제와 오류를 배우는 거죠. 그런데 인공지능이 이렇게 배우고 있어요. 아이가 뭔가 배울 때랑 똑같아요. 단, 매우 빨리 배우죠. 인간이 몇 년에 걸쳐 배우는 것을 몇 시간 만에 배운다면 두려울 수밖에 없죠."

작동을 시작한 지 3년 정도 된 닐은 이를테면 세 살 먹은 아이나 다름없습니다. 그동안 닐은 세상에 존재하는 수백만 가지 물체에 대해 배웠습니다. 그들 사이에 존재하는 수만 가지의 관계에 대해서도 눈을 떴죠. 아직 완벽하지는 않지만 닐은 해가 갈수록 더 많은 이미지와 영상을 보고 배우며 세상을 더 많이 이해해갈 것입니다. 세상의 어떤 아기도 인터넷 서핑을 하면서 보게 되는 모든 것을 배우고 기억할 수는 없습니다. 닐은 어떤 아기보다도 세상을 빨리 배워나갈 것이 분명합니다.

여기서 생각해봐야 할 점이 있습니다. 닐이 인간 세계에 존재하는 상식을 알아간다는 것은 어떤 의미일까요?

이는 닐이 앞으로 어떤 일을 할 수 있는가에 관한 질문이기도 합니다. 닐이 갖게 될 실용성이 무엇이냐는 물음이기도 하죠.

인공지능 닐을 개발한 카네기멜론 대학교 로봇연구실의 아브나브 굽타Abhinav Gupta 교수는 닐과 같은 인공지능 혹은 로봇이 상식을 가지면 앞으로 어떤 일들이 가능한지를 예를 들어 설명했습니다. 이를테면 우리는 자율주행차 기술이 곧 실현될 것이라 믿고 있습니다. 자율주행차의 가장 기본적인 기능은 도로 위를 달리는 것과 좌회전 혹은 우회전을 하는 것 등입니다. 자율주행차 입장에서 보면 아주 기본적인 기능이죠. 그런데 만약 이 자동차가 주행 중 흔치 않은 상황과 마주하게 된다면 어떤 일이 벌어질까요? 1년에 한 번 일어날까 말까

한 매우 예외적인 상황이 발생한다면?

"주행 중인 자율주행차 앞에 끊어진 고압전선이 늘어져 있다면 어떻게 될까요? 사람은 자동차를 계속 운전하면 어떤 일이 벌어질지 알고 있습니다. 그래서 위험을 피하기 위해 자동차를 멈추겠죠. 하지만 자율주행차 같은 로봇이나 인공지능에는 이런 상황에서 발생할 수 있는 위험을 인지할 만한 충분한 데이터가 없습니다. 그렇게 생긴 전선을 본 적이 없으니까요. 자율주행차는 도로 위에 존재하는 수많은 정보와 패턴분석 기술에 기반해 운행합니다. 하지만 '끊어진 고압전선'에 관한 충분한 정보와 데이터가 없으니 자율주행차는 위험을 인지하지 못하고 계속 주행할 가능성이 높습니다. 이런 상황에서는 어떻게 해야 할까요? 상식이 필요합니다. 전선이 정상적인 모습이 아니니 차를 멈춰야겠다고 추론할 수 있는 상식 말이죠."

아브나브 굽타 교수의 최종 목표는 로봇 혹은 인공지능이 인간과 같은 수준의 추론 능력과 상식을 갖도록 하는 것입니다. 닐은 지금 이 순간에도 인간이 만들어내는 수많은 사진과 영상들을 보며 인간 세계를 학습해가고 있습니다. '아기에게는 눈이 있고' '자동차에는 바퀴가 있다' 와 같은 지극히 기본적인 상식들을 하나씩 배워가고 있죠.

사람은 매 순간 수많은 가정에 근거해 결정을 내립니다. 단지 그 행위를 인지하지 못할 뿐이죠. 이에 비해 닐은 아직 걸음마 수준의

아기와 같습니다. 이 '아기'가 과연 인간과 같은 수준의 상식과 추론
능력을 가지게 될까요? 끊어진 전선을 보고 자율주행차의 운행을 즉
시 멈출 수 있는 인공지능으로 발전할 수 있을까요? 그 시점이 언제
인지 가늠하기란 쉽지 않습니다. 하지만 분명한 사실은 닐이 지금도
공부하고 있다는 것입니다.

　세 살짜리 아이는 '기울어진 탑은 피사에 있다'거나 '오페라하우
스는 시드니에 있다'는 사실을 알기 어렵습니다. 그러나 닐은 알죠.
닐의 학습속도는 인간을 능가합니다. 중요한 것은 닐이 언제 인간 수
준의 상식을 가지느냐가 아니라, 결국은 그런 날이 온다는 사실입니
다. 닐이 지금까지 혼자 배워 익힌 인간 세계의 상식들을 보면 의심
의 여지가 사라집니다.7 아브나브 굽타 교수의 꿈은 결국 이루어질
겁니다.

Leaning tower is found in Pisa

Opera house is found in Sydney

인간의 도움 없이
공부하고 깨우치는 기계
CHAPTER **3**

다시 알파고 이야기입니다.

알파고의 승리는 인공지능의 승리가 아니라 '딥러닝Deep Learning의 승리'였습니다. 1997년 IBM의 슈퍼컴퓨터 딥블루가 세계 챔피언 게리 카스파로프Garry Kasparov를 상대로 한 체스 대결에서 승리한 이후 20년 동안 인공지능은 체스 챔피언 수준에 머물러 있었습니다. 그러다 2016년 바둑 대결을 통해 인공지능은 추론하는 '지능'을 가진 기계임을 스스로 입증했죠. 엄밀히 말해 이는 인간이 인공지능에 방대한 지능을 주입했기 때문이 아니라 딥러닝, 즉 기계가 스스로 학습하는 능력 때문에 가능했습니다. 만약 알파고가 자신과 하루 3만 번, 4주 동안 100만 번의 바둑 대결을 벌이며 '스스로 공부하고 깨우치는 학습능력'을 갖지 못했다면 이세돌 9단과의 대결은 전혀 다른 결과를 낳았을지도 모를 일입니다.

딥러닝은 컴퓨터가 사람처럼 경험과 학습을 통해 배우도록 만드는 기술입니다. 세 살짜리 아이에게 '곰인형이란 무엇인지' 설명해주는 어른은 없을 겁니다. 아이는 그저 곰인형을 가지고 놀면서 반복적인 경험과 학습을 통해 서서히 곰인형이 무엇인지 알아갑니다. 카네기 멜론 대학교의 닐이 그렇듯이, 딥러닝 또한 사람이 고양이나 코끼리, 자동차, 사과, 사람에 대해 미리 설명해주는 대신 컴퓨터가 스스로 비슷한 것들을 분류하고 배워나가도록 하는 방법입니다. 사람이 세상을 보고 배워나가는 방법 그대로 기계가 배우도록 하는 것이죠.

인공지능 알파고를 인간과 대적할 만한 기계로 끌어올린 학습 시스템에는 사전에 입력된 정보가 전혀 없습니다. 신생아가 자신의 주변 환경을 배워나가는 방법 그대로를 알고리즘으로 만들어, 아무런 정보도 없는 환경에서 기계가 스스로 환경을 인지해 나가도록 했죠.

알파고가 태동하기 전 데미스 허사비스는 가정용 비디오게임인 아타리Atari 2600 스페이스 인베이더를 통해 딥러닝의 가능성을 시험했습니다. 스페이스 인베이더는 밑으로 내려오는 외계인을 총으로 맞혀 점수를 올리는 슈팅게임입니다. 허사비스는 자신들이 시험하는 인공지능에 스페이스 인베이더에 관한 아무런 사전 정보도 주지 않은 채 슈팅게임을 하도록 했습니다. 스스로 학습하도록 고안된 이 알고리즘은 당연히 슈팅을 어떻게 하는지, 점수를 올리는 게 무슨 의미인지 전혀 알지 못했습니다. 화면에 움직이는 물체가 있다는 사실을 모르고 외계인이나 우주선이 총알을 맞으면 폭발한다는 사실도 몰랐다는 의미입니다.

인공지능 입장에서 보면 스페이스 인베이더라는 슈팅게임은 그저 200×250픽셀 크기에 3만여 개의 숫자들로 이루어진 화면에 불과했으니까요. 마치 처음 눈을 뜬 신생아 앞에 게임 화면이 주어진 것이나 마찬가지였습니다. 주어진 정보는 오직 하나, 게임에서 최대의 점수를 얻으라는 목표였습니다.

아무런 정보가 없었던 딥마인드의 학습 시스템은 게임을 시작하자마자 곧바로 모든 점수를 잃었습니다. 그럴 수밖에요. 하지만 24시간 꼬박 게임방식을 연습한 뒤부터는 상황이 완전히 달라졌습니다. 화면상에 움직이는 외계인들을 총으로 맞히기 시작한 것이죠. 스페이스 인베이더 게임은 남은 외계인의 숫자가 적어질수록 빨리 움직이도록 고안돼 있습니다. 시간이 지날수록 목표물을 맞히기가 어렵다는 의미입니다. 하지만 딥마인드의 학습 시스템은 갈수록 빨라지는 목표물을 모두 정확하게 맞히는 놀라운 능력을 보여줬습니다. 시스템에 주어진 목표, 즉 최대의 점수를 얻는 데 필요한 모든 능력을 발휘한 것이죠. 시스템을 개발한 데미스 허사비스는 당시 시스템이 보여준 놀라운 능력을 '초인적'이었다는 말로 표현했습니다. 딥마인드의 학습 시스템이 사람이 해내기 어려운 일을 해냈다는 의미가 담겨 있었습니다.

브레이크 아웃Breakout 게임에서도 똑같은 상황이 되풀이됐습니다. 브레이크 아웃은 막대기로 움직이는 공을 맞혀 화면 위쪽에 있는 벽

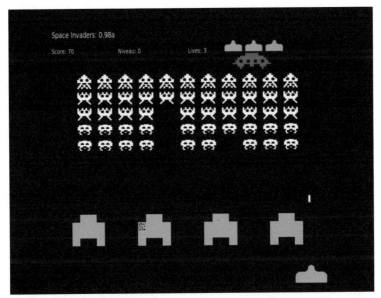

▶스페이스 인베이더 게임

돌을 깨 점수를 높이는 비디오게임입니다. 딥마인드의 학습 시스템은 처음 100번의 게임을 진행하는 동안 빠르게 내려오는 공을 놓치기 일쑤였습니다. 사람이었다면 놓치지 않을 공조차 번번이 놓쳤습니다.

하지만 시스템이 점차 게임하는 방법을 알아가기 시작하면서 움직이는 공을 막대기가 쫓아가는 속도 또한 빨라졌습니다. 게임 횟수가 300번을 넘기면서 시스템은 인간의 수준을 넘어서기 시작했습니다. 매우 빠르게 내려오는 공을 받아내게 된 것이죠. 데미스 허사비스 팀은 여기서 멈추지 않고 게임을 200여 차례 더 하도록 했습니다. 인간을 넘어선 다음에는 어떤 일이 벌어지는지 알아보고 싶었던 겁니다.

결과는 놀라웠습니다. 학습 시스템이 한쪽 구역을 집중 공략해 구멍을 내더니, 공을 벽돌 위쪽 공간으로 올려보내 공이 벽과 부딪치며 자동으로 벽돌을 깨게 했습니다. 시스템을 만들었던 딥마인드의 인공지능 개발 연구자들은 눈앞에서 벌어지는 광경을 보면서도 믿기 어려웠다고 합니다. 자신들은 생각해본 적도 없는 전략을 인공지능

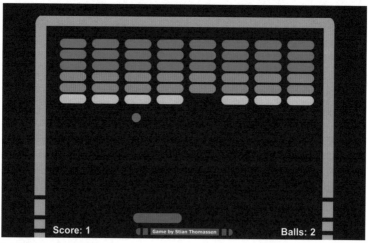

▶브레이크 아웃 게임

이 스스로 만들어 구사하고 있었으니까요.

딥마인드의 CEO이자 창업자인 데미스 허사비스는 자신들이 개발한 이 학습 시스템이 어느 분야에서든 활용 가능한 범용 인공지능으로 발전할 수 있음을 확인했습니다. 단순히 벽돌을 깨고 외계인을 쏴서 점수를 얻는 게임뿐 아니라 다양한 영역에서도 생각지 못한 성과를 낼 수 있다는 가능성을 깨달은 것이죠. 브레이크 아웃이나 스페이스 인베이더 같은 게임을 하려면 인간이 사고하는 것과 같은 고도의 정신적 능력이 필요합니다. 비록 자신들이 개발한 인공지능이 어떻게 게임하고 있는지조차 명확히 파악하지 못했지만, 이 시스템이 광범위한 영역에서 사람을 뛰어넘는 능력으로 주어진 목표를 달성하리라는 사실만은 분명했습니다.

만약 아침에 태어난 아기가 저녁 무렵에 초인적인 수준으로 아타리 게임을 해내는 걸 목격한다면 어떤 기분이 들까요? 놀라움을 넘어서 두려운 느낌마저 들 것 같은데요. 인공지능이 스스로 학습하는 능력을 배워나가는 것 또한 비슷한 느낌이 드는 것은 어쩔 수 없습니다. 이는 곧 인간의 인지작업이 필요한 영역을 떠맡을 수 있는 범용 인공지능의 단계로 나아가는 돌파구를 찾은 것과 같은 의미니까요.

'지능을 갖춘 기계'라는 표현은 얼마 전까지만 해도 일종의 형용모순이었습니다. '지능Intelligence'은 그동안 사람만의 것이었죠. 기계는 사람들이 명령한 작업을 수행하는 수단에 불과했고요. 하지만 이제 기계도 '지능'을 갖는 시대가 됐습니다. 인간의 뇌가 작동하는 방식을 기계가 모방하기 시작하면서 스스로 인지하고 판단하는 능력을 갖추게 된 겁니다. 아타리 게임을 배워나가는 인공지능의 학습능력은 인간의 인지와 판단능력을 기계로 대체하고자 하는 모든 분야에 적용되고 있습니다.

로봇이
로봇을 가르치며
학습하다

CHAPTER **4**

애플Apple Inc.은 아시다시피 아이폰으로 세계에 스마트폰 혁명을 일으킨 회사입니다. 그들이 스마트폰 혁명을 능가하는 또 다른 야심찬 계획을 추진하고 있다는 사실이 최근에 알려졌습니다. 바로 2020년에 전기자동차를 출시한다는 계획, 이른바 '타이탄 프로젝트Project Titan'입니다. 스마트폰 제조회사가 자동차를 개발하는 것 자체는 그리 놀라운 소식이 아닙니다. 이미 자동차는 '달리는 컴퓨터'로 불릴 만큼 소프트웨어에 의해 작동되는 기기로 탈바꿈한 지 오래이니까요. 애플이 스마트폰을 만들듯 자동차를 제조하는 모습을 상상하기 어렵지 않은 이유입니다.

정작 주목해야 하는 점은 애플이 타이탄 프로젝트를 추진하면서 끌어들이고 있는 인재들의 면면입니다. 가장 눈에 띄는 인물은 엔비디아Nvidia의 딥러닝 전문가 조너선 코헨Jonathan Cohen입니다. 엔비디아는 그래픽 처리장치인 GPU를 개발 및 제조하는 세계적인 기업입니다. 그동안 컴퓨터게임에 적용해오던 비주얼 컴퓨팅 기술을 최근에는 아우디, BMW, 테슬라, 메르세데스-벤츠 같은 자동차에 접목하면서 세계적으로 주목받고 있죠. 애플이 엔비디아의 코헨을 영입한 이유는 2015년 1월 라스베이거스에서 열린 CES Consumer Electronics Show에서 확인됐습니다.

엔비디아가 당시 선보인 것은 '엔비디아 드라이브PX NVIDIA DRIVE PX'라는 이름의 플랫폼이었습니다. 이는 딥러닝 기술로 무장한 자율주행차가 현재 어디에 있는지, 주변에 어떤 사물이 있으며 주변의 장애요소를 피해 가장 안전하게 운행할 수 있는 경로는 어디인지를 신속하게 찾아주는 플랫폼입니다. 자율주행차가 이 모든 것들을 순식간에 판단하려면 주변의 사물을 빠르게 파악할 수 있는 강력한 비주얼 컴퓨팅 기술이 뒷받침돼야 합니다. 카메라와 수많은 센서에서 얻어지는 정보를 실시간 처리할 수 있는 기술이죠. 엔비디아 드라이브PX는 자율주행차가 자동 운행하는 데 반드시 필요한 물체인식 능력을 딥러닝 기술을 통해 획기적으로 끌어올린 현존하는 가장 강력한 자율주행차 지원 플랫폼입니다. 이 플랫폼 개발의 핵심인물인 코헨을 영입했다는 것은 자율주행차 혹은 자율주행 전기차를 출시하고자 하는 애플의 의지를 잘 보여줍니다.

자율주행차 개발에 딥러닝 기술이 접목된다는 것은 자동차가 스스로 주변의 자동차와 도로표지판 등을 더 정확하게 인식할 수 있게 된다는 의미를 내포합니다. 조너선 코헨의 연구팀은 자동차를 직접 운행하며 거리에서 만나는 일반 승용차와 SUV, 트럭, 스포츠카 등을 고해상도 비디오로 촬영한 다음 이들 이미지를 종류별로 분류해 컴퓨터가 스스로 학습할 수 있도록 수십만 가지 예제로 만들었습니다. 이 예제들을 보면서 인공지능 신경망은 각기 다른 승용차와 SUV, 트럭, 버스 등의 모습을 학습할 수 있었죠. 이렇게 훈련된 신경망은 이제 일반 승용차와는 조금 다른 모습의 경찰차를 인식할 수 있게 됐고 구급차를 감지해 먼저 지나갈 수 있도록 옆으로 비켜주는 단계까지 발전했습니다. 주차된 차량의 문이 열려 있다는 사실은 물론 비나 눈이 오는 날 사람의 눈으로는 확인하기 어려운 속도제한 표지판까지 인식할 만큼 진화했죠. 딥러닝 알고리즘이 그동안 다양한 환경에서 도로표지판을 학습해온 결과입니다.

페이스북의 인공지능은 시각장애인들에게 사진 속에 담긴 내용을 인간의 언어로 실시간 설명해줍니다. 사진 속 사물이나 사람의 표정, 행동을 기계가 인식할 수 있기에 가능한 일입니다. 사진 속 이미지뿐 아니라 실제 세계에서 움직이는 물체를 설명해주는 기술도 개발됐습니다. 횡단보도를 건너는 시각장애인에게 "왼쪽에서 차가 오고 있다"고 안내해주는 식입니다.

이처럼 세계 도처에서 학습하는 기계들이 나타나고 있습니다. 어쩌면 알파고는 빙산의 일각에 불과한지도 모릅니다. 제2, 제3의 알파고가 인간과의 대결을 기다리고 있습니다.

2016년 4월 유럽에서 자율주행 트럭 10여 대가 자신들끼리 통신을 주고받으며 무리 지어 유럽대륙을 횡단하는 데 성공했습니다. 트럭들끼리 서로 정보를 주고받으며 1600km가 넘는 거리를 인간의 도움 없이 스스로 운행한 겁니다. 구글의 한 연구소에서는 '로봇이 로봇을 가르치며' 함께 학습하고 있는 사실이 밝혀졌습니다. 14대의 로봇이 갖가지 형태의 물건들을 수십만 번씩 들어 올렸다 내려놓기를 반복하면서 실패 이유와 성공경험을 서로 공유하도록 훈련받고 있었습니다. 바야흐로 기계가 기계를 가르치는 시대에 들어선 것입니다.

컴퓨터를 만든 직후부터 인간은 스스로 배울 수 있는 컴퓨터를 만들기 위해 노력해왔습니다. 인간의 힘만으로는 할 수 없는, 수많은 지능이 동원되어야 하는 일들을 하기 위해서였습니다. 하지만 인공지능은 애초의 기대를 넘어 이제 램브란트처럼 그림을 그리거나 소설을 쓰고 인간을 대신해 약속을 잡아주거나 물건을 주문하는 수준까지 나아가고 있습니다.

지금 우리가 목격하고 있는 로봇과 인공지능 기술의 비약적인 발전은 기계가 스스로 학습하는 능력, 딥러닝에 의해 가능해졌다고 해도 과언이 아닙니다. 기계들이 공부를 시작하면서 로봇과 인공지능, 알고리즘으로 대변되는 자동화기술의 발전속도가 무척 빨라지고 있습니다. 보고, 듣고, 쓰고, 말하고, 추론하는 인간의 인지능력들은 하나하나 시험대에 오르고 있습니다. 걷고, 달리고, 물건을 만들고, 나르는 것과 같은 육체노동 또한 딥러닝을 통해 빠르게 진화하는 기계들에 의해 대체될 위험이 커지고 있습니다.

바야흐로 '공부하는 기계'의 탄생은 세계 도처에서 경쟁적으로 펼쳐지고 있는 자율주행차와 인공지능 개발, 3D 프린팅과 IoT(사물인터넷) 같은 시장파괴적인 미래기술과 결합돼 세계 산업계에 예측불허의 지각변동을 예고하고 있습니다. 일자리와 교육, 법과 제도, 인공지능의 윤리문제 등 기계와의 대결이 불러올 파장과 미래사회 시스템을 설계하기 위한 논의가 본격화되고 있는 이유이기도 합니다.

알파고를 개발한 딥마인드의 CEO 데미스 허사비스가 구글에 인수조건으로 '인공지능 윤리위원회 설치'를 요구하거나 테슬라모터스Tesla의 CEO 일론 머스크Elon Musk가 안전한 인공지능 개발에 써달라며 1000만 달러를 민간연구단체에 기부한 사실 등은 현재 세계 도처에서 진행되고 있는 인공지능과 로봇기술의 발전이 먼 미래에나 벌어질 수준이 아님을 방증하고 있습니다.

인간처럼 예측하고
상상하는 기계

CHAPTER **5**

　새뮤얼이 여동생 새라를 만나기 위해 집을 나섭니다. 새뮤얼이 자동차에 오르자 차량에 탑재된 인공지능이 앤더슨 로에서 사고가 났다는 사실을 알려줍니다. 가장 빠른 우회도로를 이용하더라도 10분 정도가 더 소요될 것이라는 사실도 덧붙이면서요. 새뮤얼은 자동차가 추천하는 도로를 따라 차를 운전하기 시작합니다. 잠시 후 새뮤얼의 자동차가 "새라에게 조금 늦는다고 연락할까요?"라고 묻습니다. 새뮤얼이 "그래"라고 대답하자 자동차는 새라에게 문자메시지를 보냅니다. 잠시 후 차량 모니터에 새라의 얼굴이 뜨고 영상전화가 걸려옵니다. 새뮤얼은 자동차 운행모드를 '자율주행'으로 전환하고 운전대에서 손을 뗍니다. 이때부터 자동차는 스스로 운전하기 시작합니다. 새뮤얼은 자동차가 달리는 동안 새라와 영상통화를 하며 이런저런 이야기를 주고받습니다.

　캐나다에 있는 QNX소프트웨어 시스템스QNX Software Systems 8라는 기업이 만든 광고의 한 장면입니다. 머지않은 미래에 자동차 안에서 일어날 수 있는 가상의 일들을 담고 있습니다. 광고에서 묘사된 것처럼 사람들이 운전할 때 주변 상황을 인지하고 판단하고 기계를 조작하는 모든 단계, 여기에 갑자기 무언가가 튀어나온다든가 하는 돌발상황에 브레이크를 밟는 인지 및 행동을 알아서 대신하는 차를 흔히 '자율주행차'라 부릅니다. 자율주행차의 컨셉이 처음 나온 것은 1940년대입니다. 사람이 운전하지 않아도 차가 알아서 목적지까지 데려다준다는, 인류의 꿈 가운데 하나였죠.

미국 매사추세츠 공과대학MIT의 과학자 프랭크 레비Frank Levy와 리처드 머네인Richard Murnane에게 QNX의 광고에 담긴 이야기는 상상 속에서나 가능한 일이었습니다. 두 과학자는 자동차가 스스로 운전하는 세상은 도래하지 않을 것이라고 생각했거든요.

2004년 프랭크 레비와 리처드 머네인은《노동의 새로운 분업The New Division of Labor》이라는 책을 펴냈습니다. 인간의 복잡한 인지과정을 컴퓨터가 따라 하는 것은 불가능하므로 자동차 운전처럼 매 순간 고도의 인지 및 판단능력이 요구되는 행위를 컴퓨터가 담당할 수 없다는 내용을 담고 있었죠.

"트럭을 운전하며 빵을 배달 중인 운전기사는 매 순간 수많은 정보를 처리해야 한다. 도로 옆에서 놀고 있는 어린아이나 강아지, 다른 차량들이 어떻게 움직이고 있는지 끊임없이 주시해야 하고, 구급

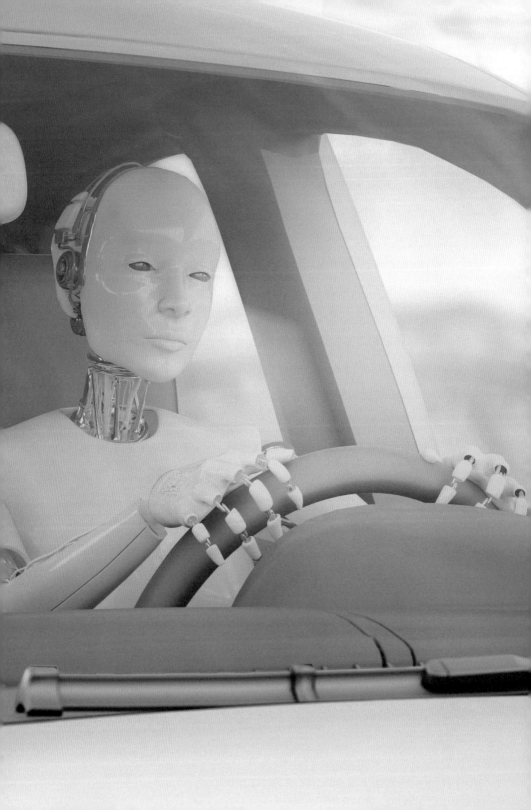

차나 경찰차의 사이렌도 놓쳐서는 안 된다. 또 운행 중인 트럭에 문제는 없는지 엔진이나 트랜스미션, 브레이크에서 느껴지는 이상신호에도 신경을 곤두세워야 한다. 트럭 운전기사의 매 순간 행동을 비디오카메라나 센서를 통해 모아 컴퓨터로 모델링할 수는 있다. 그러나 맞은편에서 달려오는 차량을 피해 좌회전하는 운전기사의 머릿속에서 일어나고 있는 복잡한 인지와 정보처리 과정을 컴퓨터로 자동화하는 것은 불가능하다."

두 사람이 책을 집필하던 2004년 당시의 로봇공학과 인공지능, 컴퓨터 기술로는 운전자 없는 자동차의 '무인주행'을 상상하기 어려웠습니다.

두 연구자가 컴퓨터와 인간이 서로 넘나들 수 없는 영역이 무엇인지에 몰두해 있던 그해, 미국 캘리포니아 주 바스토우와 네바다 주 프림 사이의 150마일(240km) 구간에서 세계 최초의 자율주행차 경주대회인 다르파 그랜드 챌린지The DARPA Grand Challenge가 열렸습니다. 미 국방고등연구기획국이 완전 자율주행차 개발이라는 야심찬 목표를 내걸고 개최한 대회였죠. 이때 참가한 자율주행차는 줄잡아 100여 대에 달했는데, 아쉽게도 결승점을 통과한 차는 한 대도 없었습니다. 레비와 머네인의 예측은 적어도 2004년 당시까지는 틀리지 않았던 셈이죠.

하지만 불과 1년 사이 모든 것이 달라졌습니다. 2005년 10월, 2회

다르파 챌린지에서 결승에 진출한 23대의 자율주행차 가운데 5대가 132마일(212km)에 이르는 경주구간을 완주했습니다. 23대 가운데 단 한 대를 제외한 22대가 2004년 다르파 챌린지 최장기록이었던 11.78km를 넘기며 자율주행에 성공했습니다. 모든 사람들이 불가능하다고 여겼던 일이 현실에서 일어난 겁니다. 당시 최종 우승팀의 차량 이름은 '스탠리Stanley'였습니다. 세바스찬 스런Sebastian Thrun이라는 인물이 이끈 스탠퍼드 대학팀이 개발한 자율주행차였죠. 스탠퍼드 팀은 대회 우승으로 200만 달러의 상금을 거머쥐었습니다.

세바스천 스런은 스탠퍼드 인공지능연구소 소장이자 컴퓨터과학 및 전기전자학과 교수였습니다. 이후 그는 구글에서 자율주행차 개발 프로젝트를 총지휘하는 상징적인 인물이 됩니다. 그는 왜 자율주행차 개발이라는, 당시만 해도 많은 사람들이 망상이라 치부했던 일에 매달렸던 것일까요? 이유는 해럴드라는 친구의 죽음 때문이었습니다. 스런의 가장 친한 친구였던 해럴드는 18세가 되던 해에 교통사고로 목숨을 잃었습니다. 세바스찬 스런은 해럴드의 죽음을 견디기 힘들었고, 한 해 100만 명이나 되는 사람들이 교통사고로 숨지는 현실 또한 받아들이기 어려웠습니다. 그리고 해럴드와 그 가족들이 겪어야 했던 비극이 되풀이되어서는 안 된다고 생각했죠.

교통사고를 줄여 생명을 살리고자 했던 그의 꿈은 마침내 결실을 맺었습니다. 자율주행차 연구를 시작한 지 5년 만에 누구도 상상하지 못했던, 운전자 없이 달리는 자동차를 선보인 것입니다. 자동차 역사뿐 아니라 인류의 역사가 그의 손에서 새롭게 탄생하는 순간이 었습니다.

그 후 스런의 꿈은 빠른 속도로 현실화되고 있습니다. 세계 유수의 자동차 업체들은 물론 글로벌 IT기업들이 자율주행차 개발에 앞 다 퉈 뛰어들고 있고 세계 각지에서 운전자 없는 자동차가 시험 운행되고 있습니다. 벤츠와 BMW, 아우디 같은 세계적인 자동차 메이커들은 이미 운전자 없이 스스로 달리는 자동차 개발을 마친 상태입니다. 전기자동차 생산업체인 미국의 테슬라 또한 자율주행이 가능한 전기자동차 개발을 완료했고, 스마트폰 제조업체인 애플도 자율주행 전기자동차 개발을 추진하고 있습니다. 스마트폰을 기반으로 운송 서비스를 제공하는 우버Uber 역시 미국 애리조나 대학과 손잡고 자율주행차 개발에 나섰습니다.

2010년에는 세계 검색업계의 제왕 구글이 운전자 없는 자율주행 차를 세상에 선보였습니다. 도요타의 프리우스에 자율운행 장치를 부착해 14만 마일(22만 5000km)을 운전자 없이 스스로 운행한 후, 구글은 무인 자율주행차 개발을 공식 선언했습니다. 세바스찬 스런의 꿈은 이제 그 자신만의 꿈이 아니라 세계적인 자동차 메이커들, 나아가 다양한 형태의 기업들이 추구하는 꿈으로 변했습니다.

MIT 수석연구과학자이자 슬론경영대학원Sloan School of Management 산하 디지털비지니스센터의 공동설립자인 앤드루 맥아피Andrew McAfee 교수는 자율주행차 개발 소식의 충격을 이렇게 회상했습니다.

"온라인판 〈뉴욕타임스〉를 읽고 있었는데 어떤 회사가 자동운전이 가능한 자동차를 개발했다는 거예요. 자동차가 운전자 없이 도로에서 스스로 운전하고 있다는 얘기였죠. 그 순간 입안에 있던 커피를 뿜었어요. 있을 수 없는 일이 일어났으니까요. 자동차가 어떻게 운전자 없이 돌아다니죠? 운전자 없이 스스로 운행하는 자동차는 현실에 존재해서는 안 되는 거잖아요. 공상과학 소설에서나 나올 얘기지."

그러나 이제는 기업뿐 아니라 대학들도 자율주행차 개발경쟁에 뛰어들고 있습니다. 영국 옥스퍼드 대학은 닛산자동차를 기반으로 프로토타입의 자율주행차 개발을 마친 상태입니다. 프로토타입 자동차는 본격 생산에 들어가기 앞서 시험적으로 제작하는 자동차를 말합니다. 운행법규와 제도 정비, 자율주행차 운행에 관한 사회적 합의가 이루어진다면 상용화가 가능하다는 의미입니다. 이웃나라 일본에서는 2020년 상용화를 목표로 자율주행 택시를 개발해 일반도로에서 주행시험까지 마쳤습니다. 인구가 적은 지역, 버스나 택시가 점점 줄어드는 지역에서 편하게 이동할 수 있도록 하려는 목적입니다. 택시를 부르거나 요금을 지불하는 것은 모두 스마트폰으로 처리됩니다. 이처럼 자율주행차는 세계 여러 국가에서 언제든 판매될 수 있는 상용화 시점에 도달해 있습니다.

자율주행차 개발은 승용차에만 국한되지 않습니다. 벤츠는 스스로 운행하는 자율주행 트럭을 선보여 세상을 놀라게 한 바 있습니다. 2020년에는 무인트럭을 상용화하겠다는 구체적인 계획도 내놓았습니다. 유럽에서는 10여 대의 무인트럭이 3~4대씩 무리 지어 스페인과 독일 등에서 출발해 인간의 도움 없이 종착지인 네덜란드의 로테르담 항구까지 운행하는 트럭 플래투닝European Truck Platooning Challenge에 성공하기도 했습니다.

지금까지 자율주행차 분야를 선도해온 기업은 구글입니다. 자동차는 사람의 안전이 가장 중요한데, 구글은 시험운행을 가장 많이 했기 때문에 다른 기업들보다 많은 데이터를 바탕으로 계속 보완해가고 있습니다. 최근까지 구글의 자율주행차 프로젝트를 이끌었던 인물은 미국 카네기멜론 대학 로봇공학과 교수 출신인 크리스 엄슨Chris Urmson입니다. 그의 말 한마디 한마디는 자율주행차 기술개발의 현주소와 미래 변화의 방향을 가늠할 수 있는 중요한 단서가 됩니다. 2015년 크리스 엄슨은 캐나다에서 열린 TED 컨퍼런스에 연사로 등장해 이렇게 말했습니다.

"열한 살인 내 아들이 4년 반 후에는 운전면허를 딸 수 있는 나이가 됩니다. 우리 팀의 목표는 그럴 일이 없도록 하는 겁니다."9

앞으로 5년 안에 일반인들이 자율주행차를 탈 수 있도록 하겠다는 의미였습니다. 자율주행차가 상용화된다는 말은 운전면허가 필요 없어진다는 의미나 다름없습니다. 전기자동차 혁명을 주도하고 있는 테슬라의 CEO 일론 머스크 역시 "앞으로는 운전이 불법인 시대가 올 것이다"라는 말로 자율주행차 개발이 가져올 미래 모습을 제시한 바 있습니다. 자동차가 스스로 운전하는 것이 사람이 운전하는 것보다 훨씬 안전하기 때문에 사람이 운전하는 행위 자체가 불법인 시대가 도래할 것이라는 의미였습니다. 현재 자동차 사고의 90%는 운전자 과실 때문에 일어나는데, 이 중 일부라도 인공지능이 보완할 수 있다면 운전은 훨씬 안전해질 겁니다.

크리스 엄슨이 공언한 대로 자율주행차 상용화가 불과 4~5년 안에 현실화될지는 알 수 없습니다. 운전자 없는 자동차가 도로 위에서 스스로 운행하는 데 대한 사람들의 거부감이 암초가 될 수도 있고, 자율주행차 운행에 필요한 법과 제도들도 새롭게 만들어져야 하기 때문입니다. 도로에서 완벽하게 운행할 수 있는 자율주행차 기술개발이 완료되더라도 상용화를 지연시킬 복병들이 여전히 산재해 있는 것은 사실입니다. 미국 듀크 대학의 미시 커밍스 교수Missy Cummings처럼 기술적 한계와 결함 때문에 자율주행차의 전면 도입을 부정적으로 보는 시각도 여전히 존재합니다.[10]

하지만 기존 질서를 파괴하는 혁신적인 기술들은 언제나 이런 사회문제와 장애물들을 극복하며 발전해왔습니다. '기술이 아무리 발전해도 자동차 운전은 계속 인간만이 할 수 있을 것'이라던 레비와 머네인의 믿음은 이미 통용되지 않게 되었습니다. 인류가 그동안 가져왔던 상식에 근거한 합리적인 예측들은 예전에는 상상할 수 없었던 기술발전 앞에 힘없이 무너지고 있습니다. "우리는 장기적으로 과학기술의 발전을 과소평가한다"는 아서 클라크의 지적처럼, 어쩌면 우리는 우리의 기술을 너무 가볍게 여겨왔는지도 모릅니다.

로봇과 알고리즘, 인공지능의 발전은 우리가 살고 있는 세상의 지형을 송두리째 바꿔놓고 있습니다. 자율주행차는 단순히 운전자 없이 달리는 자동차의 등장을 의미하는 데 국한되지 않습니다. 자율주행차의 탄생은 자동차에 대한 개념과 인식 자체를 바꿀 수 있습니다. 이제 자동차는 '운전하는 것'이 아니라 '타는 수단'으로 개념이 바뀔 수밖에 없습니다. 연인들을 위한 영화관이 될 수도 있고 바쁜 업무에 쫓기는 직장인들의 회의실이 될 수도 있죠. 운전을 자동차에 맡긴 채 책을 읽을 수도 있고 심지어 잠을 청할 수도 있습니다. 자율주행차는 그 순간에도 교통신호와 정지선, 횡단보도 위의 사람은 물론이고 건물 모퉁이에서 튀어나올 다른 자동차까지 센서링하며 목적지로 향하고 있을 테니까요.

자동차를 굳이 소유할 필요도 없게 됩니다. 필요할 때 어느 장소에서든 자동차를 불러 이용할 수 있기 때문입니다. 복잡한 도심에서 주차장을 찾아 헤맬 필요도 없어지겠죠. 목적지에 도착한 후 집으로 돌려보내면 그만입니다. 이처럼 100년 넘게 인류의 머릿속에 자리 잡고 있던 '자.동.차'가 사라지고 있습니다.

기계를 보조하는 인간?

CHAPTER **6**

　자율주행차가 바꾸고 있는 것이 비단 자동차 산업이나 자동차 그
자체뿐일까요? 아닙니다. 궁극적으로는 앞으로 인류가 살아갈 미래
와 생활방식이 달라질 수 있습니다. 인류가 한 번도 경험해보지 못했
던 방식과 크기로 세상이 재편되고 있습니다.

　문제는 우리가 로봇기술과 인공지능의 발전으로부터 얻는 것이
'운전으로부터의 자유와 편리함'이라면 잃는 것 또한 있다는 사실
입니다. 바로 일자리입니다.

　자동차가 스스로 운전하는 세상에서 '운전기사'라는 직업은 설 자
리가 없습니다. 수많은 센서와 레이저, GPS와 계속적인 학습이 가능
한 알고리즘을 갖춘 자율주행차는 스스로 운행할 뿐 아니라 사람이
직접 운전하는 것보다 훨씬 안전합니다. 도로교통법을 어기지도 않
고 지치지도 않습니다. 졸음운전이나 음주운전을 하지 않으니 사고
가 날 위험도 훨씬 적습니다.

　문제는 현재 미국에서만 트럭이나 택시, 스쿨버스, 배달차량 등

'운전'을 직업으로 삼고 있는 인구가 370만 명에 이른다는 사실입니다.[11] 이들이 마주하게 될 미래에 대해 생각해보죠. 이들에게는 일자리가 필요합니다. 자신의 삶을 유지해야 하고, 부양할 가족도 있으니까요. 운전을 직업으로 가진 사람들의 43%가량인 160만 명은 트럭을 운전합니다. 미국 교통부는 무인트럭의 상용화 시점을 2020년으로 내다보고 있는데, 그 뒤 이들 160만 명은 어떻게 생계를 유지할까요? 무인트럭이 상용화된다고 해서 곧바로 트럭기사들이 일자리를 빼앗기지는 않겠지만, 이들을 고용하고 있는 운송업체의 입장에서 생각해보면 상황의 심각성을 짐작할 수 있습니다.

운송업체에 가장 중요한 것은 운송시간 단축과 비용절감입니다.

이를 위해 기업들은 그동안 꾸준히 인간의 노동력을 기계나 로봇으로 대체해왔습니다. 기업이 가진 기본적인 속성에 충실하다면 무인트럭의 상용화를 막을 방도가 없습니다. 무인트럭이 일반 자율주행 승용차보다 먼저 상용화될 것이라는 전망이 나오는 것은 이런 이유 때문입니다.

고전경제학의 창시자 데이비드 리카도David Ricardo의 이론은 로봇과 인공지능의 발전이 일자리에 어떤 영향을 불러올지 가늠할 수 있는 좋은 근거입니다. 예를 들어 고용주 입장에서 어떤 기계를 빌리는 데 2파운드의 비용이 드는 반면 노동자 한 명을 고용하는 데 5파운드가 든다면, 둘의 시간당 단위 생산량이 같다고 가정할 경우 고용주는 비용이 많이 드는 노동자 대신 기계 도입을 선택한다는 겁니다.

고용주의 이 같은 선택은 다른 노동자들의 임금과 일자리에도 영향을 미칠 수밖에 없습니다. 기계로 대체 가능한 나머지 노동자들에게 고용주가 과연 예전처럼 5파운드의 임금을 선선히 지불할까요? 2파운드짜리 대안이 있는데도요? 고용주의 입장에서는 노동자들에게 고용을 보장하는 대신 더 적은 임금, 예컨대 3파운드 선에서 임금을 결정하려고 할 가능성이 높습니다. 이를 받아들일 수 없는 노동자들은 공장을 떠날 수밖에 없는 상황에 처하게 됩니다. 새로운 기계의 도입이 노동자들의 임금하락 압력을 부르고, 노동자들은 더욱 값싼 노동력으로 전락하는 현실을 피할 수 없게 된다는 의미입니다.

로봇과 인공지능, 알고리즘의 발전이 '딥러닝'이라는 새로운 도약대를 만나 상상하지 못했던 속도로 인류를 새로운 세상으로 이끌고 있습니다. 인류가 그동안 고안하고 발전시켜온 모든 사회 시스템 또한 대변혁이 불가피한 상황입니다. 인간의 눈과 귀, 손과 발, 말과 행동 그리고 생각하고 결정하는 두뇌까지 흉내 내는 인공지능과 로봇 혁명. 이것으로부터 촉발되고 있는 미래 변화의 소용돌이 속에서 우리는 어떤 재능을 가진 인재를 길러내야 할까요? 그리고 미래의 일자리는 어떤 모습으로 바뀔까요?

혹자는 인간과 인공지능의 입장이 뒤바뀔 것이라는 극단적인 예측도 내놓습니다. 마이크로소프트 리서치의 마웨이잉 아시아 부소장도 그런 입장입니다.

"기계의 지능은 과거 인간을 보조했지만, 최근 패턴이 바뀌는 것을 볼 수 있다. 더 많은 일자리를 기계가 수행하고 자동화되면 기계가 중심이 되고 이 순환고리에 인간이 데이터 등을 제공하는 역할로 참여하게 될 것이다."[12]

그의 전망대로 될지 아직은 모를 일입니다. 앞으로 5년 안에 혹은 10년 안에 무슨 일이 일어날지 예측하기는 어렵습니다. 하지만 지금 이 순간에도 수많은 스타트업들이 딥러닝을 활용한 인공지능 개발에 뛰어들고 있고, 그들이 만들어낸 결과물은 더 똑똑한 인공지능 개발로 이어지고 있습니다. 전에 본 적 없는 엄청난 투자와 새로운 비즈니스 기회 또한 이 분야에서 만들어지고 있습니다. 이런 현상은 인공지능의 발전을 다시 가속화할 것입니다.

인공지능은 지금까지 사람이 돈을 받고 해오던 대부분의 일들을 할 수 있게 될 겁니다. 은행에 자동입출금기가 처음 설치됐을 때 사람들은 은행직원 대신 기계에서 돈을 인출해야 하는 현실을 탐탁지 않아 했습니다. 하지만 지금은 자동입출금기에서 은행업무를 보는 것이 너무나 당연한 일이 됐습니다. 보스턴컨설팅그룹BCG은 〈로봇혁명 : 제조업 부문의 차기 대약진The Robotics Revolution: The Next Great Leap〉이란 보고서를 통해 사람을 로봇으로 대체해도 ROI(투자대비 수익)가 보장되는 변곡점에 처음으로 도달했다는 분석을 내놓았습니다. 스스로 학습하는 인공지능과 로봇기술의 발전이 미래 직업시장의 가장 큰 변수가 되리라는 사실에 이견을 보이는 전문가는 없습니다.

경제학자들은 기술의 발달로 직업이 사라지는 현상을 '구조적 실업'이라 불러왔습니다. 인공지능의 발전은 단순히 일자리 부족 문제뿐 아니라 새로운 환경에 맞는 능력과 훈련을 요구하고 있습니다. 완전히 다른 재능과 다른 트레이닝을 필요로 하는 사회로 변화하고 있으며, 이는 새로운 부와 일자리 창출로 이어질 겁니다. 언제가 됐든 '결국' 이런 일은 일어날 것입니다.

산업혁명으로 새롭게 등장한 기계들 때문에 노동조건이 열악해진 영국의 노동자들이 기계파괴에 나섰던 러다이트 운동은 기술발전이 일자리에 미치는 영향을 단적으로 보여준 사례였습니다. 프린스턴 대학의 폴 크루그먼Paul Krugman 교수는 2013년 6월 〈뉴욕타임스〉 칼럼에서 1800년대 당시의 시위를 소개하면서 "1차 산업혁명의 가장 큰 피해자는 기술 노동자들이었다"고 했습니다. 이들이 갈고닦았던 기술이 기계의 등장으로 하루아침에 쓸모없게 됐다는 것입니다. 대다수 경제학자들은 생산성이 높아지면 인류가 더 풍요로워질 것이라 믿지만, 산업혁명 당시 일자리를 잃었던 방직 노동자들을 생각하면 그리 간단히 생각할 문제가 아닙니다.

이후 기계를 파괴하는 극단적인 대립은 사라졌지만 기술혁신을 통한 자동화는 200년 넘는 시간 동안 줄곧 노동자들의 일자리를 위협해왔습니다. 이 같은 위협은 최근 자동화 기술의 급속한 발달로 어느 때보다 가속화되고 있습니다.[13]

자율주행차의 탄생은 인간의 노동을 필요로 하지 않는 자동화 시대가 불러올 미래사회와 인간의 모습을 상징적으로 보여주고 있습니다. 단순히 트럭이나 택시운전사처럼 운전을 직업으로 삼아왔던 일자리들의 종말을 예고하는 정도가 아닙니다. 자동차 산업 전반은 물론 현재 유지되고 있는 사회 일자리 전반에 메가톤급의 파장을 미칠 수밖에 없습니다. 자동차를 소유할 필요가 없어지면 자동차 수요가 줄어들 테고, 이에 따라 자동차 생산직의 일자리는 물론 영업사

원 같은 판매직업들의 존속에도 영향을 미치게 될 겁니다. 자동차 사고가 감소하면서 손해사정인이나 보험업계 종사자들도 여파를 피할 수 없게 되겠죠. 운전면허가 사라지면 운전면허 발급업무를 해오던 사람들이나 운전교습을 직업으로 삼았던 사람들 모두가 위험해집니다. 또한 자율주행차에 들어가는 부품은 기존의 절반 정도밖에 되지 않으므로 자동차 부품 협력업체들의 생존에도 직격탄을 날리게 될 겁니다. 그뿐인가요, 차에서 운전하지 않고 잠을 잘 수 있으므로 숙박업에도 영향을 미치겠죠. 자율주행차의 도입 하나만으로도 어떤 분야에서 어떤 변화를 불러올지 일일이 가늠하기 어려울 만큼 근본적인 변화가 일어날 겁니다.

딥러닝을 기반으로 빠르게 변화하고 있는 로봇과 인공지능 기술의 발전으로 기존의 모든 산업과 사회구조의 재편은 불가피해졌습니다. 인간과 기계가 어떻게 일자리를 나누고 공존해야 하는지에 관한 논의를 시작해야 할 시점에 다다랐다는 의미입니다. 기계사회가 만들어낼 새로운 직업유형과 인재들을 어떤 교육 시스템을 통해 양성하고 재교육해야 할지에 관한 고민도 시작해야 하죠.

문제는 어떤 직업들이 새로 생겨날 것인지 예상하기가 쉽지 않다는 것입니다. 인간의 역량은 점진적으로 발전하는 반면 딥러닝에 기반한 로봇과 인공지능 기술의 발전은 기하급수적으로 이루어지고 있기 때문입니다. 아직은 로봇과 인공지능이 해내는 일들이 인간의 능력에 비해 부족한 부분이 많지만 5년 정도만 지나면 인간의 능력을 넘어서는 더 많은 변화와 사례들을 겪게 될 것이 명확해지고 있습니다.

머신러닝 혁명은 산업혁명과는 또 다른 양상으로 발전할 것입니다. 기계가 지속적인 학습을 통해 발전을 멈추지 않을 것이기 때문입니다. 경험하지 못한 변화가 예고돼 있습니다. 우리는 지금 우리가 그동안 가능하다고 생각하는 것들조차 확신할 수 없는 상황으로 내몰리고 있습니다. 변화의 모습과 방향, 그리고 인간이 새롭게 만들어낼 수 있는 영역과 가능성이 무엇인지 지금부터 고민해야 하는 이유입니다.

지금이야말로 과학기술 발전에 대한 과소평가를 그만두고 눈앞에서 일어나고 있는 현실을 직시해야 할 때입니다.

PART TWO

모든 것이 기계에 못 미친다

실리콘밸리에서 만들어지지 않는 유일한 것

CHAPTER 1

인간 없이 이루어지는 성장

2014년 11월, 미국 보스턴 MIT 슬론경영대학원에서 앤드루 맥아피 교수를 만났습니다. 한국에서는 《기계와의 경쟁》, 《제2의 기계시대》의 저자로 더 잘 알려진 인물이죠. 그가 주장하고 있는 이른바 그레이트 디커플링The Great Decoupling14에 대해 듣기 위해 찾아간 자리였습니다. 1시간여 동안 그는 거침없이 설명을 이어갔습니다.

"미국뿐 아니라 전 세계 경제를 보면 '그레이트 디커플링'이란 현상이 일어나고 있어요. 경제학적으로 볼 때, 경제 관련 통계들은 항상 함께 움직이는 요소들이 있습니다. 어느 한쪽이 오르면 다른 요소들도 함께 오르거나 내리는 현상이죠. 그런데 최근 들어 이런 요소들이 서로 아무런 관련이 없는 것처럼 움직이고 있어요. 예를 들어 2차 세계대전 이후 미국에서는 GDP와 생산성, 고용과 임금이 함께 성장해왔습니다. 움직임이 같았죠. 그런데 20~30년 전부터 상황이 완전히 달라졌어요. 4개 요소 가운데 2개만 지속적으로 성장했어요. GDP 와 생산성이죠. 반면 고용과 임금은 오히려 감소세를 보이고 있습니다. GDP와 생산성은 계속해서 오르는데 고용과 임금은 늘지 않고 있다는 것이죠. 바로 '디커플링' 현상입니다.

자본과 노동에서도 비슷한 현상이 나타나고 있습니다. 오랜 시간 동안 경제에서 자본이 차지하는 비율은 인간의 노동, 그러니까 임금이 차지하는 비율과 함께 움직였죠. 하지만 몇 년 전부터 자본이 차지하는 비율은 계속해서 증가하는데 노동이 차지하는 비율은 이를 따라가지 못하는 현상이 나타나고 있어요. 미국의 경제가 매우 근본적인 변화를 겪고 있다는 의미입니다. 중요한 점은 이런 변화가 단지 잘사는 몇몇 나라에서만 나타나는 현상이 아니라는 사실이에요. 서구사회에서만이 아니라 전 세계에서 유사한 현상이 나타나고 있어요."

산업혁명 이후 지난 200년 동안 기술발전이 인간의 일자리를 빼앗는 문제는 큰 골칫거리였습니다. 하지만 기술발전이 반드시 사람의 일을 빼앗기만 한 것은 아니었습니다. 때로는 새로운 일자리를 만들어내기도 했죠. 혁신적인 기업가들은 기술발전이 가져다주는 이같은 기회들을 잡아서 새로운 개념의 회사를 설립하고 새로운 비즈니스 모델을 만들어냈습니다. 페이스북의 창립자 마크 저커버그Mark

Zuckerberg나 혁신의 아이콘 애플의 스티브 잡스Steve Jobs 같은 인물이
대표적이죠.

　새로운 산업과 비즈니스가 탄생하면 새로운 일자리가 만들어지
고, 그 일에 맞는 능력을 가진 새로운 인재들 또한 필요합니다. 페이
스북이나 트위터, 인스타그램 같은 소셜 비즈니스가 태동하면서 수
많은 컴퓨터 프로그래머들이 생겨난 것과 같은 이치입니다. 신사업
이 등장한 지 불과 10년도 되지 않았지만 이들은 지금 과거 어느 때
보다 일자리 시장에서 환영받는 존재가 됐습니다. 그들이 만들어내
는 서비스 하나하나는 오늘날 세상 사람들의 일상에 직접적인 영향
을 미치고 있습니다.

　이처럼 새로운 기술의 등장은 기존의 일자리 지형을 뒤흔들거나
전에 없던 새로운 직업을 창출합니다. 산업혁명 이후 줄곧 이어져온
현상입니다. 더러는 새로 생겨나는 일자리가 기술에 의해 사라지는
일자리보다 많을 때도 있었습니다. 하지만 이제 이런 역사적인 패턴
이 바뀌고 있습니다. 맥아피 교수는 이렇게 설명합니다.

　"기술발전에 의해 점점 더 많은 일자리가 자동화되고 있습니다.
반면 새로 만들어지는 일자리는 줄어들고 있어요. 최근 몇 년간 일
자리가 늘어나는 비율과 임금상승률 등의 통계를 보면서 현재 우리
가 목격하고 있는 기술발전이 이전과는 완전히 다른 결과를 가져오
고 있다는 생각을 했습니다. 잘 보세요. 미국 경제는 전 세계에서 가

장 기술화된 경제입니다. 하지만 여전히 매달 새로운 직업이 만들어
지고 있기 때문에 아직은 경제가 성장하는데 고용은 감소하는 단계
까지는 가지 않았습니다. 경제는 성장하는데 고용은 반대로 감
소한다, 기존의 경제학 이론 중 이런 현상을 설명하는 이론
은 없었어요. 하지만 현재 우리가 목격하고 있는 자율주행
차나 인공지능, 그리고 로봇기술의 발전 속도를 생각해보면
머지않아 이런 현상을 보게 되리라는 생각이 듭니다. 경제
성장으로 매우 풍족한 삶을 누리지만 인간의 노동력은 그다
지 필요하지 않은 현상이죠. 문제는 이런 일이 50년 안에 일
어나느냐, 20년 안에 일어나느냐 하는 것입니다."

21세기의 가장 큰 특징 중 하나는 인간이 점점 더 많은 기계와 마
주하게 된다는 것입니다. 영화 〈스타워즈〉에 등장하는 스스로 생각
하고 움직이는 로봇은 인간의 상상력에 큰 영향을 미쳤습니다. 그들
은 이제 현실세계에서 인간의 일을 대신하고 있습니다. 단순히 인간
이 하는 일을 돕는 데 그치는 것이 아니라 인간과 일자리를 놓고 경
쟁하는 수준까지 도달했습니다. 만약 누군가가 어떤 기업에서 해고
됐다면 '과학기술 발전에 따른 피해자'일 가능성이 과거에 비해 매
우 높아진 것이죠.

이처럼 인간의 노동력을 빠르게 대체하고 있는 자동화 기술의 중
심에는 로봇공학Robotics이 자리 잡고 있습니다. 로봇은 한 자리에 고

정돼 있거나 혹은 이동하면서 특정한 일을 수행하는 하드웨어이자 소프트웨어입니다. 로봇이 무엇인지, 또 어떻게 생겼는지에 대한 정의는 사람마다 다를 수 있습니다. 하지만 한 가지만은 분명합니다. 로봇은 '인간의 일을 대신하는 기계'라는 사실입니다.

몇 년 전만 해도 비행기로 이동하려면 항공사 직원으로부터 탑승권을 발급받아야 했습니다. 하지만 지금은 그 일을 키오스크Kiosk라는 탑승권 발매기가 대신하고 있습니다. 항공사 카운터 앞에서 탑승권을 받기 위해 길게 줄서야 했던 불편이 사라졌습니다. 키오스크에 몇 가지 정보만 입력하면 탑승권을 손에 쥘 수 있게 되었으니까요. 탑승권을 발급해주던 항공사 직원들은 줄었고, 여행객들은 예전보다 훨씬 빠르고 편리하게 탑승권을 받을 수 있게 됐습니다.

은행원들이 하던 업무는 ATM이 오래 전에 대체했습니다. 은행에 직접 가서 은행원을 만나야 입금과 출금이 가능한 때도 있었죠. 그러나 지금은 스마트폰으로 다른 사람의 통장에 돈을 보내는 일이 너무나 당연해졌습니다. 만약 누군가가 지금이라도 인터넷뱅킹이나 ATM을 없애고 예전으로 돌아가자고 한다면 어떤 일이 일어날까요? 은행은 물론 이용자들 중에서도 이 제안을 받아들일 사람은 없을 겁니다. 지금은 그나마 은행직원들의 몫이었던 대출업무까지 인터넷을 통해 자동화되고 있습니다. 대출심사에 필요한 신용평가는 컴퓨터 알고리즘이 은행직원보다 훨씬 빠르고 엄격하게 처리할 수 있습니다. 사사로운 감정이 개입될 염려도 없죠. 은행업무가 자동화된 덕분에 고객과 은행원들이 감수해야 했던 많은 불편과 수고가 사라졌습니다.

한때 취업준비생들에게 은행원은 선망의 직업이었습니다. 하지만 은행원의 수는 계속 줄고 있고 그들이 일하는 은행점포의 규모도 작아지고 있습니다. 수십 명의 은행원들이 하던 일을 불과 3~4명이 담당하는 지점들을 찾아보기 어렵지 않습니다. 아예 인터넷을 통해 기존의 모든 은행업무를 처리할 수 있는 인터넷 은행까지 등장하고 있는 세상입니다.

대형 마트에서 물건을 판매하던 점원들은 어떤가요? 그들은 전자상거래에 의해 대체되고 있습니다. 이른바 인터넷 쇼핑이죠. 몇 번의 클릭이면 자신이 원하는 상품을 세계 어느 곳에서든 일주일 안에 받아볼 수 있는 세상이 되었습니다. 상품을 구입하는 고객들은 여전히 존재하지만 상품을 추천하고 판매하던 수많은 판매종사자들은 사라지고 있습니다. 그들이 해왔던 상품소개와 주문접수, 배송업무 등 일련의 과정들이 컴퓨터 알고리즘에 의해 대체되고 있기 때문입니다.

사정은 오프라인에서도 다르지 않습니다. 디지털사회연구소의 강정수 소장은 웨어러블 컴퓨팅의 발전이 마트 계산원에게 미치는 영향을 이렇게 설명합니다.

"스마트폰이 가져다주는 효율성은 대단합니다. 게다가 제가 보기에는 아직 진입단계에 있어요. 우리나라에서는 신용카드가 많이 발달해서 피부로 실감하지 못하고 있지만, 제가 보기에 가장 혁신적인 요소는 애플 페이입니다. 이에 따라 미국에서는 가장 먼저 마트 창구에서 일하는 사람들을 로봇으로 대체하겠다고 합니다. 카트에 물건을 담아놓으면 얼마를 샀는지 스스로 계산하고, 스마트폰으로 지불하고 나가게 하겠다는 거예요. 스마트폰에 NFC Near Field Communication가 장착되어서 물건을 몇 개 샀는지가 자동으로 스캐닝되어 계산돼요. 너 지금 물건 얼마 샀어, 이건 할인이 어떻게 되고… 그리고 출구를 통과하면 곧바로 스마트폰에서 결제가 끝납니다. 그게 편하잖아요. 소비자가 편하게 여기면 그런 시대는 오게 돼 있습니다. 그렇게 되면 일자리가 줄어들겠죠."

이런 방식은 이제 세계의 모든 크고 작은 상점에서 일반화되고 있습니다. 월마트Walmart나 크로거Kroger 같은 미국의 대형마트들은 이제 몇 명 남지 않은 계산원들마저 자동계산 시스템으로 빠르게 대체하고 있습니다. 고객들이 고른 상품을 직접 자동계산 시스템을 통해 지불하고 가져갈 수 있는 무인계산대가 늘어나고 있죠. 고객이 카트 안에 담긴 물건을 꺼내 바코드를 찍기만 하면 지불해야 할 금액이 합산되고, 고객은 자신의 카드를 단말기에 통과시켜 결제하면 끝입니다. 이 과정 어디에도 계산원은 필요하지 않습니다. 불과 10년 전만 해도 볼 수 없던 광경이죠. 이 모든 것들을 기술이 가능하게 하고 있습니다.

　인간이 영위하는 직업 가운데 60%가량은 정보를 모으고 분석하는 일입니다. 하지만 이 직업들은 컴퓨터 기술의 발전으로 일자리를 잃기 쉬운 취약업종으로 전락하고 있습니다. 정보를 모으고 분석하는 일은 컴퓨터가 인간보다 훨씬 잘할 수 있으니까요. 이디스커버리 e-Discovery는 소송에 필요한 자료를 수집하고 분석하는 소프트웨어입니다. 미국의 수많은 변호사 사무실에서 사용하고 있죠. 변호사들은 그동안 소송을 위한 기록을 찾고 분석하는 일에 많은 시간을 할애했습니다. 하지만 지금은 이 소프트웨어가 그 일을 대신하고 있습니다. 수십 명의 변호사들이 몇 달 동안 매달려야 했던 수십만 건의 소송기록을 이디스커버리는 불과 며칠 만에 수집하고 분석합니다. 그렇게 찾아낸 자료와 정보들은 실제 소송에서 결정적 증거로 활용되고 있습니다.

　로봇과 인공지능, 알고리즘의 발전은 우리가 미처 생각하지 못하는 사이 그동안 인간이 일해왔던 방식과 업무환경 전반을 바꾸어놓고 있습니다. 전쟁에서 기밀정보를 몰래 수집하고 분석하는 로봇에서부터 월스트리트에서 주식을 사고파는 알고리즘까지, 불과 몇 년 전만 해도 존재하지 않았던 수많은 로봇과 알고리즘들이 인간을 대신해 일하기 시작한 겁니다. 인간은 업무 효율과 생산성 증가라는 열매를 얻었습니다. 생산성이 증가하면서 물질적 부와 풍요 또한 얻었고요.

미국의 실리콘밸리는 이 모든 변화를 만들어내는 기지이자 엔진이라 해도 과언이 아닙니다. 세상을 놀라게 하는 기술들 대부분이 이곳에서 탄생하고 있습니다. 병원에서 환자들에게 필요한 음식을 가져다주는 로봇에서부터 대형마트에 물건을 사러 간 고객에게 쇼핑 목록을 족집게처럼 추천해주는 미래형 카트 같은 것들이 이곳에서 개발되고 있습니다. 그동안 인류가 살아왔던 생활방식과 크고 작은 영역들을 자동화하는 아이디어와 기술들이 실리콘밸리에서 만들어지고 있습니다.

하지만 실리콘밸리에서 만들어지지 않는 것도 있습니다. 바로 새로운 일자리입니다. 실리콘밸리에서 일하고 있는 직원들이 너무 많아서가 아닙니다. 새로운 기술을 개발하는 능력 있는 직원들을 찾지 못해서도 아니죠. 예전처럼 많은 직원들이 필요하지 않기 때문입니다. 애플이나 아마존, 페이스북 같은 기업들을 생각해보면 이해가 쉽습니다.

이들 기업을 모르는 사람은 거의 없습니다. 세계 곳곳에서 수많은 사람들이 이들 기업이 만들어낸 서비스와 기술, 제품을 이용하고 있으니까요. 이들 기업은 불과 몇 년 사이 급속도로 성장해 시가총액을 모두 합하면 1조 달러가 훨씬 넘을 정도입니다.[15] 원화로 따지면 1000조 원이 넘는 금액입니다. 그렇다면 이들 회사에서 일하는 임직원은 몇 명이나 될까요? 세 회사의 임직원을 모두 합해도 15만 명이 되지 않습니다. 2014년 기준 국내외 임직원 수가 31만 9000명에 달하는 삼성전자의 절반도 되지 않는 규모입니다.

삼성전자의 시가총액은 2015년 기준으로 241조 원에 이릅니다. 대단한 규모죠. 하지만 애플과 아마존, 페이스북의 시가총액에 비하면 결코 많다고 하기 어렵습니다. 훨씬 적은 수의 직원으로 글로벌 기업 삼성전자보다 훨씬 높은 가치를 평가받는 것, 이것이야말로 실리콘밸리의 저력이자 우려할 지점입니다. 혁신적인 기술의 등장은 예전보다 훨씬 적은 수의 사람들이 그동안 결코 상상할 수 없었던 가치와 부를 생산하는 일을 가능하게 만들었습니다. 세계 최초의 양산형 전기자동차 생산업체인 테슬라모터스 캘리포니아 공장에서는 최첨단 로봇들이 자동차를 생산하고 있습니다. 사람의 손은 거의 필요로 하지 않죠. 비단 테슬라모터스만이 아니라 오늘날 거의 모든 자동차 업체에서 생산을 책임지는 것은 사람이 아닌 정밀하고 빠르게 움직이는 로봇들입니다.

2008년 세계경제가 극심한 위기를 겪은 이후 미국의 제조업체들이 새로운 기술 도입과 투자에 쏟아부은 비용은 불황이 닥치기 이전보다 30%나 증가했습니다. 그 결과 어느 때보다 많은 생산성과 부를 얻었죠. 끊임없는 기술개발과 혁신을 통해 새로운 사업기회를 만들어내려는 기업들의 속성이 작용한 결과였습니다.

문제는 지속적인 혁신과 변신을 위한 기술개발과 도입이 그동안 사람들이 해오던 일들을 끊임없이 잠식하는 결과로 이어진다는 사실입니다. 더 많은 생산성과 부를 얻고 있지만 일자리는 만들어지지 않는 기현상이 일어나는 것이죠. MIT의 앤드루 맥아피 교수는 이런 현상을 '고용 없는 성장Jobless Growth'이라 부릅니다.

"미국 경제는 2008년 경제위기가 닥치기 전보다 훨씬 성장했습니다. 기업들의 이익도 모두 회복됐어요. 어느 때보다 하드웨어 및 소프트웨어에 대한 투자도 늘었습니다. 늘지 않은 건 일자리뿐입니다. 기업들의 지속적인 투자와 기술발전으로 자동화가 가속화되면서 사람들의 일자리를 계속해서 빼앗고 있기 때문입니다."

'에이, 설마 일자리가 다 없어지겠어?' 이런 의구심을 품은 이들도 여전히 적지는 않습니다. 그러나 컴퓨터와 인공지능, 로봇기술의 발전이 그동안 사람들이 먹고 살기 위해 해왔던 일들을 심각하게 잠식해가고 있다는 증거는 한두 가지가 아닙니다.

인간이 한 가지 언어를 다른 언어로 번역하기 위해서는 반드시 해당 언어에 정통한 번역가가 필요했습니다. 하지만 지금은 수십 개의 언어를 원하는 언어로 번역해주는 소프트웨어가 넘치는 세상이 됐습니다. 다양한 언어를 실시간으로 자동 번역해주는 앱을 PC나 스마트폰에 받기만 하면 저렴한 비용으로 혹은 무료로 편리하게 이용할 수 있습니다. 군이 외국어에 능통한 사람을 찾아 헤맬 필요가 없는 세상이 되고 있는 것이죠. 통역 프로그램도 최근 몇 년 사이 급증하고 있습니다. 특정 언어로 된 음성을 인식해 자국 언어로 번역한 다음 전달해주는 방식입니다. 애플의 시리나 IBM의 왓슨에도 적용된 음성인식 기술이 활용영역을 넓혀가고 있는 겁니다.

인간이 기계와 더 많이 소통할수록 기계가 스스로 학습하고 판단하는 데 쓰일 수 있는 데이터는 더욱 많아집니다. 어린아이들이 성장하면서 더 많은 언어와 다양한 어휘를 배워가는 것처럼 기계도 더 많은 언어를 활용할 수 있게 되는 것이죠. 데이터가 쌓일수록 기계는 더욱 정교한 답을 내놓을 수 있을 테고요. 머신러닝을 활용한 기술 발전이 어느 수준까지 이어질지 가늠할 수 없는 이유가 여기 있습니다. 인간이 스마트폰 같은 기계들을 활용하면서 만들어내는 데이터가 기하급수적으로 증가하고 있기 때문입니다.

수많은 데이터를 빠르게 분석해 인간이 필요로 하는 서비스를 실시간에 가깝게 내놓는 수많은 기술이 빅 데이터에서 나오고 있습니다. 빅 데이터는 방대한 데이터를 일컬을 뿐 아니라 이를 활용하는 기술 자체를 광범위하게 포함하는 용어입니다. 빅 데이터를 활용한 기술 가운데 가장 빠르게 발전하고 있는 분야가 바로 통역과 번역 서비스입니다. 지구상에 존재하는 수십 억 개의 스마트폰이나 컴퓨터 같은 단말기를 통해 인간이 말하고 쓰는 언어들이 모이고, 이를 빠르게 분석해 한 가지 언어를 다른 언어로 번역해주는 알고리즘이 눈부신 속도로 진화하고 있습니다. 더 많은 사람들이 단말기와 소통할수록 그 결과물도 훨씬 정교해지는 것은 물론이고요.

완벽하지 않아도 대체는 가능하다

여기 러시아어로 된 하나의 문장이 있습니다. 무슨 내용이 담겨 있는 걸까요?

'Бесплатный сервис онлай н перевод язык Google'

예전 같으면 이 문장을 해석하려면 러시아어를 전공한 사람에게 물어봐야 했습니다. 하지만 이제 그런 불편은 사라졌습니다. 구글이 제공하는 번역서비스를 이용하면 됩니다.

'The free online service for language translation of Google'

구글의 번역서비스가 내놓은 결과입니다. 위에 러시아어로 쓰여진 문장은 '구글의 무료 온라인 언어 번역 서비스'라는 내용이었습니다.

구글이 개발해 서비스하는 새로운 기술 덕분에 우리는 이제 컴퓨터 앞에 앉아서 세계 90개 언어를 손쉽게 번역할 수 있는 능력을 갖게 됐습니다. 이 같은 번역기술은 애플의 시리 등에 사용되는 음성인식 기술과 결합돼 텍스트(문자)뿐 아니라 인간의 음성언어를 번역해주는 수준까지 발전하고 있습니다. 구글의 번역 시스템 화면에서 마이크처럼 생긴 음성인식 아이콘을 클릭해 자신이 사용하는 음성언어를 다른 국가의 언어로 자동 번역할 수 있게 된 것이죠. 구글은 현재 세계 40개 언어에 대한 음성번역 서비스를 제공하고 있습니다. 알고리즘을 통한 음성 및 텍스트 번역은 빠르게 보편화되어 이제 구글뿐 아니라 빙Bing이나 야후Yahoo 같은 또 다른 검색서비스에서도 활용할 수 있습니다.

한발 더 나아가 알고리즘을 통한 번역기술은 이제 통역기술로 확장되는 추세입니다. 마이크로소프트의 화상통화 서비스인 스카이프SKype는 자동통역 서비스의 대표적 사례입니다. 스카이프는 특정 언어를 다른 언어로 변환해 자동으로 통역해주는 기능을 갖추고 있습니다. 서로 다른 언어를 사용하는 사람들이 의사소통하려면 두 언어에 능통한 사람이 필요했습니다. 동시통역사는 상당한 고소득 전문직으로 인식되어 왔습니다. 하지만 스카이프의 자동통역 알고리즘과 같은 기능들이 보편화되면서 통역을 직업으로 삼았던 많은 사람들의 입지는 좁아질 수밖에 없습니다.

스페인어를 전혀 구사하지 못하는 어느 미국인이 지구 반대편에 있는 스페인 친구와 화상통화를 한다고 가정해봅시다. 자동통역 서비스는 각자 자국어로 이야기하는 두 사람의 언어를 상대방이 사용하는 언어로 통역해 음성으로 전달해줍니다. 영어로 말하면 지구 반대편 스페인 친구에게 스페인어로 들리는 방식입니다. 반대의 경우도 마찬가지입니다. 스페인 친구의 입에서 나오는 언어를 알고리즘이 자동으로 번역해 미국인 친구에게 영어로 전달해주죠. 이 모든 과정은 실시간으로 이루어집니다. 영어와 스페인어, 서로 다른 언어로 대화하는 사람 사이에 존재했던 언어장벽이 사라지고 있는 겁니다.

강연장에서는 어떤 일이 벌어질까요? 중국어를 한마디도 하지 못하는 미국인이 중국에서 중요한 발표나 강연을 해야 한다고 생각해봅시다. 이 미국인이 중국어를 하지 못한다면 자신의 언어, 즉 영어로 강의해야 합니다. 예전에는 미국인의 영어를 중국어로 통역해주는 전문통역사가 필요했습니다. 하지만 지금은 통역사 대신 알고리즘이 자동으로 영어를 중국어로 번역해 '중국인의 음성'으로 청중들에게 전달해줍니다. 통역 알고리즘 덕분에 미국인의 강연이나 발표를 듣는 중국인 청중들은 강연내용을 중국어로 듣고 이해할 수 있게 됐습니다.

이번에는 낯선 해외를 찾은 여행객을 상상해보죠. 그의 스마트폰에는 세계 40개국 언어를 음성으로 자동 번역해주는 앱이 설치돼 있습니다. 문자로는 100개 언어를 번역할 수 있는 소프트웨어입니다. 상대방 국가의 언어를 전혀 모르는 두 나라 기업 임원이 중요한 사업 계약을 체결하기 위해 마주앉아 있는 회의실에서는 어떨까요? 여행객이나 회의실에 마주 앉아 있는 기업 임원들에게 상대방 국가의 언어는 더 이상 의사소통을 가로막는 장애물이 되지 않을 겁니다. 마찬가지로 전화기 너머의 상대방과 서로 다른 언어로 대화해도 의사소통에 지장이 없는 세상은 먼 미래의 이야기가 아닙니다. 구글이 이미 이 기술을 개발해놓았으니까요.

몇 년 전만 해도 번역이나 통역이 자동화되리라고 상상하기는 어려웠습니다. 알고리즘이 아무리 정교하더라도 인간의 언어를 구조화하기란 쉽지 않기 때문입니다. 아직 '인간 통역사'가 가진 능력을 완벽하게 구현할 수 있는 자동화 기술이 나오지 못한 것은 이런 이유 때문이죠. 더욱이 언어에는 사람들의 문화와 역사, 가치관 등이 함께 녹아 있습니다. 알고리즘이 자동화하기 매우 어려운 것들입니다.

번역과 통역이 자동화된다는 의미 또한 인간의 언어를 기계가 완벽하게 구사할 수 있도록 기술적으로 자동화한다는 의미가 아닙니다. 기술이 가능한 선에서 인간만이 가진 능력의 일부분을 대체한다는 의미에 더 가깝습니다. 그렇다고 이 기술이 유용하지 않은 것은 아니죠. 구글의 번역서비스는 아직 100% 완벽하지는 않지만, 지금 이 순간에도 세계 각국 수많은 사람들이 구글의 번역서비스를 유용하게 사용하고 있습니다. 그 수 또한 점점 많아지고 있죠.

컴퓨터가 보편화되기 전까지 사무실에서는 타자기란 것을 사용했습니다. 타자기로 문서를 작성하는 일만 전문으로 하는 사람들도 있었죠. 타이피스트typist라 불리던 이들입니다. 이들이 없으면 사무실 업무가 안 될 정도로 인기가 대단했습니다. 1980년대까지 타자기는 사무실에 없어서는 안 될 사무기기였고, 이를 다룰 줄 아는 타이피스트들의 존재 또한 무척 중요했습니다. 이들의 주된 업무는 물론 타자를 치는 일이었습니다. 하지만 부수적으로 상사에게 커피를 타주거나 다른 직원들과 협력하며 원활하게 소통하는 역할도 담당했죠. 이른바 '사회적인 지능'이 필요한 업무들입니다. 하지만 개인용 컴퓨터라는 새로운 기술이 등장하면서 이들은 일자리를 잃었습니다. 지금은 완전히 사라졌죠. 누구나 직접 컴퓨터를 다룰 수 있게 되면서 타이피스트들이 담당했던 부가적 업무들은 하찮은 일이 돼버렸습니다. 기계는 사회적 지능이 필요한 업무를 하지 못한다는 항변은 통하지 않았습니다. 이런 부수적인 일들 때문에 타이피스트들을 고용할 필요는 없으니까요.

타이피스트들의 사례는 중요한 사실 한 가지를 일깨워줍니다. 기술이 사회적 지능을 가진 인간과 완벽하게 경쟁하지는 못하더라도 그들이 맡아 해오던 특정한 업무나 일자리를 대체할 수 있다는 사실입니다. 어떤 직업에 요구되는 '특별한 능력'이 기술에 의해 대체 가능해지는 순간, 그 직업에 부여돼 있던 나머지 부가적인 능력들은 하찮은 것이 돼버린다는 것이죠.

생각해보면 그렇지 않나요? 우리가 사용하는 구글 번역기능은 결코 완벽하지 않습니다. 번역을 자동화하는 기술은 전문번역가처럼 언어가 가진 미묘한 뉘앙스까지 완벽하게 포착하지는 못합니다. 그러더라도 번역가들의 기본 능력을 대체할 수는 있다는 것입니다. 사용자들은 그 정도 수준에서도 충분히 번역 앱에 만족하고 있고요. 물론 앞으로 기술이 발전하는 만큼 번역의 결과물도 점점 정교해질 겁니다. 이런 점에서 번역 기술의 자동화는 계속해서 이 분야의 직업을 가진 수많은 사람들에게 위협이 될 겁니다. 타이피스트들만이 갖고 있었던 '특별한' 능력이 개인용 컴퓨터의 등장으로 서서히 사라졌던 것처럼 말이죠.

컴퓨터 기술은 인간의 고유한 능력이었던 말하기와 쓰기, 읽기와 듣기 능력을 넘어 인간과 대화할 수 있는 수준까지 발전했습니다. 아직 초보적인 수준이기는 하지만 로봇은 이제 사람처럼 걸을 수 있게 됐고 선반에서 물건을 찾아 포장대까지 운반하는 능력을 갖추게 됐습니다. 인간만의 능력 가운데 일부를 세부적으로 모방할 수 있는 단계까지 발전한 것이죠.

어느 때보다 많은 경제성장과 부가 만들어지는데도 인간을 위한 일자리는 그만큼 증가하지 못하고 갈수록 그 격차가 벌어지는 데에는 이처럼 급속하게 발전하는 로봇공학과 인공지능, 컴퓨터 기술이라는 요인이 있습니다. 인간의 목소리를 인식하는 기술이 등장하면서 전화업무를 담당했던 직원들이 일자리를 빼앗기고 있는 것도 같은 맥락입니다. 비교적 규칙적이면서 중간 정도의 지식과 업무능력을 필요로 했던 수많은 직업들이 과학기술 발전의 가장 큰 피해자가 되고 있습니다. 더욱이 기술의 발전 속도가 갈수록 빨라지고 있다는 사실이 막연한 두려움을 가중시킵니다.

경제는 성장하는데 일자리는 늘지 않는 이른바 디커플링 현상은 과연 일시적인 현상일까요? 세계의 많은 기업들은 언제까지 고용을 늘리는 대신 하드웨어와 소프트웨어에 대한 투자에만 집중할까요? 그리고 각국 정부의 노력과 관심에도 불구하고 왜 실업난은 해소될 기미를 보이지 않는 걸까요? 풀리지 않은 의문들에 대한 해답을 앤드루 맥아피 교수가 건넨 마지막 말에서 짐작해볼 수 있습니다.

"단기적으로 보면 창업을 권장하고, 정부가 사회기반 시설에 대한 투자를 확대하는 방법으로 고용을 늘릴 수 있습니다. 아직은 로봇이나 인공지능이 인간이 가진 모든 문제를 해결해주지는 못하기 때문입니다. 하지만 기계들이 인간의 직업세계로 들어오고 있습니다. 덕분에 우리는 머지않은 미래에 매우 풍요로운 삶을 누릴 수 있게 될 겁니다. 생산성이 높아질 테니까요. 하지만 미래의 사회에서는 인간의 노동력이 예전처럼 필요하지 않을 겁니다. 인간이 직면하게 될 가장 큰 도전이죠."

누가 기계만큼
근면할 수 있는가

결코 쉬지 않는 로봇, 아마존 키바

미국 매사추세츠 주 보스턴 서쪽 외곽에 데븐스Devens라는 작은 도시가 있습니다. 이곳에 콰이어트 로지스틱스Quiet Logistics라는 회사가 있죠. 소비자와 인터넷 쇼핑몰 업체에 의류상품을 판매하고 공급하는 회사입니다. 이곳에서 일하는 직원은 100명 남짓. 하지만 이곳 물류창고에서 매일 고객들에게 배송되는 물품은 1만 개가 넘습니다. 물류창고의 크기 또한 축구장 2개를 합친 것보다 넓죠. 100명 정도의 직원들이 어떻게 이 넓은 물류창고에서 매일 1만 개 이상의 상품을 처리할 수 있을까요? 그 정도 인원으로 이만 한 공간을 돌아다니며 고객들이 주문한 상품을 일일이 찾아서 포장 작업대에 가져다주는 것은 사실상 불가능합니다. 물건 하나를 처리하는 데 걸리는 절대적인 시간이 있을 테니까요.

그렇다면 콰이어트 로지스틱스가 이렇게 빨리 물품을 배송할 수 있는 비결은 무엇일까요? 직원들의 일을 대신 해주는 로봇이 있기 때문입니다. 오렌지색 몸통에 바퀴가 달린 이 로봇의 이름은 키바Kiva입니다. 콰이어트 로지스틱스의 거대한 물류창고에는 69대의 키바가 하루 종일 구석구석을 돌아다닙니다. 그리고 고객들이 주문한 제품을 선반에서 찾아 포장작업을 하는 직원들에게 가져다주죠. 콰이어트 로지스틱스가 매일 1만 개의 주문 제품을 고객들에게 배송할 수 있는 비결입니다.

키바에는 고도의 수학 및 과학기술이 적용됐습니다. 어디에서 어디로 움직이도록 미리 프로그램된 것도 아니고 누가 지시하는 것도 아닙니다. 모두 알고리즘에 의해 스스로 움직이도록 설계돼 있죠. 고객의 주문이 컴퓨터를 통해 전달되면 그 정보는 와이파이를 통해 키바에게 전해집니다. 그러면 이 로봇은 고객이 주문한 제품이 있는 곳으로 알아서 찾아갑니다. 배송센터 바닥면에 설치돼 있는 QR코드 비슷한 전자식 체크보드들이 키바가 가야 할 방향을 안내해주기에 가능한 일입니다. 목적지에 도착한 키바는 주문 제품이 있는 선반을 통째로 들어서 포장작업을 맡은 직원들이 있는 곳까지 가져다줍니다. 그러고는 다시 다음 제품을 찾으러 물류창고 구석구석을 돌아다닙니다. 키바의 업무는 하루 종일 무한 반복됩니다. 결코 쉬는 법이 없죠.

키바는 A지점에서 B지점까지 어떻게 가야 하는지 알고 있습니다. 빼곡하게 쌓인 선반들 밑을 빠르게 통과해 다음 물건이 있는 곳으로 향합니다. 로봇 키바를 개발한 키바 시스템스Kiva Systems라는 회사는 이 기술을 터널링tunneling이라 부릅니다. 키바의 움직임이 마치 미로처럼 얽힌 터널 안을 돌아다니는 것 같다고 해서 붙여진 이름입니다. 로봇들끼리 부산하게 움직이지만 서로 부딪히는 일도 없습니다. 그저 빠르게 서로를 지나치며 자신들이 운반해야 할 물건들을 필요한 곳에 가져다 놓을 뿐입니다.

예전에는 물건을 한 곳에서 다른 곳으로 옮기려면 컨베이어 벨트를 이용하거나 작업자가 직접 운반해야 했습니다. 제품 정보와 보관 위치가 기록된 종이를 들고 직원들이 창고 안을 돌아다니며 일일이 제품을 찾아서 필요한 위치에 가져다주는 방식이었죠. 하지만 전자상거래 규모가 커지고 글로벌화가 빠르게 진행되면서 더 이상 이 같은 방식으로는 고객들의 주문 속도를 따라갈 수 없게 됐습니다. 더욱이 배송센터의 규모가 축구장보다 더 커지는 경우가 많아지면서 사람이 일일이 배송할 물건을 찾아다니는 것은 불가능한 일이 돼버렸습니다.

그렇다면 배송센터에서 일하고 있는 키바는 얼마나 빠른 속도로 주어진 일을 처리할까요? 키바는 1시간에 600개의 배송물품을 포장 작업을 맡은 직원들에게 가져다줄 수 있습니다. 컨베이어 벨트나 사람이 물건을 옮기는 것보다 4배나 빠른 속도입니다. 직원들은 이제 포장대 앞에서 키바가 제품을 가져오기만 기다리면 됩니다.

키바가 단순히 물건을 찾아서 가져다주는 일만 하는 것도 아닙니다. 배송센터로 들어오는 수많은 제품들을 최적의 장소에 보관하는 작업도 척척 해내고 있으니까요. 어느 곳에 제품들을 쌓아놓아야 하는지까지 알고 있는 것이죠.

현재 키바는 미국 대부분의 배송센터에서 가장 바쁘게 일하는 직원이 됐습니다. 미국의 거의 모든 물류창고와 배송센터가 콰이어트 로지스틱스에서 키바를 도입하면서 빠르게 자동화되고 있습니다.[16] 물류창고 자동화의 물꼬를 튼 건 세계 최대 온라인 판매회사 아마존입니다. 로봇 키바를 개발한 키바 시스템스는 이제 아마존 로보틱스 Amazon Robotics가 됐습니다. 아마존이 키바 시스템스를 2012년에 7억 달러를 들여 사들였기 때문입니다.

아마존은 인터넷을 통해 책을 판매하는 작은 온라인 서점으로 출발했습니다. 하지만 지금은 세계 곳곳에 거의 모든 제품을 판매하는 기업으로 성장했습니다. 아마존이 세계적인 회사로 성장할 수 있었던 것은 '자동화' 덕분이었습니다. 이제는 아마존의 거의 모든 시스템이 자동화돼 있습니다. 아마존은 온라인 주문정보를 활용해 고객들이 선호하는 제품과 취향을 빅 데이터를 통해 분석합니다. 그리고는 고객 개개인의 취향에 맞는 제품을 맞춤형으로 추천하죠. 고객 주문과 제품추천 시스템 그리고 물류와 배송 시스템이 모두 자동화된 덕분에 미국 전역에 2일 배송이 가능한 아마존 프라임 서비스를 구

모든 것이 기계에 못 미친다

축할 수 있었죠. 지금은 고객들이 주문한 제품을 드론으로 배송할 준비까지 갖춰놓고 있습니다.

아마존은 왜 이렇게 모든 과정을 자동화하는 데 집착하는 것일까요? 해답은 간단합니다. 경쟁사에 비해 훨씬 저렴한 비용으로 빠르게 고객들에게 제품을 배송할 수 있기 때문입니다. 미국 내에서는 아마존 홈페이지에서 자신이 원하는 제품을 선택한 뒤 결제를 마치면 거의 모든 지역에서 2~3일 안에 구입한 제품을 받아볼 수 있습니다. 심지어 당일에 배송되는 경우도 있습니다. 자신들이 좋아할 만한 제품들을 추천해주고 배송도 빠르니 고객들이 아마존의 서비스를 좋아하지 않을 도리가 없습니다. 아마존이 모든 시스템을 로봇과 알고리즘으로 자동화하고 있는 이유입니다. 자동화를 통해 비용은 대폭 줄이면서 배송은 사람이 할 때보다 훨씬 빠르게 처리할 수 있으니까요. 아마존은 이 같은 과정을 통해 더 많은 고객들을 불러 모으고 있습니다.

기업 경영자 입장에서 생각해보면 해답은 간단합니다. 로봇은 휴가나 휴일이 필요 없습니다. 사람처럼 보험이나 연금 같은 것을 들어주지 않아도 됩니다. 게다가 로봇은 임금을 올려달라고 파업을 하지도 않습니다. 필요하다면 매일 24시간 쉬지 않고 일을 시켜도 되죠. 잠재적인 생산량을 정확하게 예측할 수 있다는 장점도 있습니다. 고객에게 배송할 600개의 제품을 하루에 처리하도록 미리 값을 입력해놓기만 하면 되니까요. 물류창고 같은 곳에서 물건을 찾고 가져다 주는 것과 같은 반복적인 업무는 인간보다 로봇이 훨씬 잘할 수 있습니다. 인간은 같은 노동을 반복할수록 집중력과 효율성이 떨어지는 한계가 있지만, 로봇은 피로를 모르는 기계이니까요. 인간보다 생산성은 훨씬 높고 효율적이면서 비용 또한 적게 들어가는 자동화의 이점을 마다할 기업은 없겠죠.

누구나 손쉽게 다룰 수 있는 로봇, 벡스터

로봇이라 하면 어떤 모습이 그려지나요? 흔히 자동차 공장 같은 곳에서 일하는 몸집이 큰 로봇을 떠올리곤 합니다. 자동차 생산라인에서 차체를 찍어내고 옮기고 용접작업을 하는 로봇들이죠. 이런 로봇들은 산업현장에서 일한다고 해서 산업용 로봇으로 불립니다. 산업용 로봇은 주로 다른 작업자들과 떨어진 곳에서 일하는 경우가 많습니다. 덩치도 크거니와 움직임이 워낙 빠르기 때문에 다른 작업자들이 자칫 다칠 위험이 있기 때문이죠.

2015년 독일 프랑크푸르트 북쪽 바우나탈에 있는 자동차업체 폭스바겐의 한 공장에서 작업자 한 명이 산업용 로봇에 몸이 걸려 사망하는 사고가 일어났습니다. 자동차 생산공정에 필요한 로봇을 설치하다가 일어난 사고로, 산업용 로봇이 얼마나 위험할 수 있는지 단적으로 보여주는 사례였습니다. 빠르고 정밀한 산업용 로봇의 도입은 공장의 생산성을 크게 향상시키는 지름길입니다. 하지만 폴크스바겐 공장에서 일어났던 사고에서 보듯 로봇 때문에 발생하는 안전 문제는 로봇공학자들이 풀어야 할 가장 큰 숙제였습니다. 이 때문에 산업용 로봇은 언제나 사람이 접근할 수 없는 통제된 공간에서만 작업할 수 있도록 설계돼 왔습니다.

또한 로봇은 스스로 행동을 바꾸지 못하기 때문에 생산제품이 바뀌면 로봇이 할 작업내용과 동작을 사람이 일일이 변경해줘야 합니다. 이런 일은 산업용 로봇을 프로그래밍할 수 있는 전문가들, 즉 엔지니어들 말고는 할 수 없었죠. 정작 동작을 가장 잘 아는 사람은 공장 작업자인데 그들이 자유롭게 로봇의 움직임을 바꿀 수 없었던 것입니다. 더욱이 생산라인의 로봇들을 다시 프로그래밍하는 동안에는 생산라인 가동을 중단해야 합니다. 폴크스바겐 공장에서 일어난 사고가 재발할 수 있기 때문이죠. 물론 가동을 멈추면 제품 생산에도 그만큼 차질이 빚어질 수밖에 없습니다.

이런 문제 때문에 로봇공학자들은 산업용 로봇의 위험과 불편을 해결하고자 부단히 노력해왔습니다. 하지만 번번이 실패했죠. 작업자들이 쉽게 다룰 수 있는 안전한 로봇을 개발하기란 그만큼 어려웠습니다. 그런데 어느 천재적인 로봇공학자가 그 일을 해냈습니다. 바로 로드니 브룩스Rodney Brooks였죠. 그는 수많은 로봇공학자들의 고민을 단번에 해결했습니다.

로드니 브룩스가 개발한 로봇은 벡스터Baxter입니다. 벡스터는 4개의 센서와 2개의 팔을 가진 로봇입니다. 얼굴은 모니터이고요. 2개의 로봇팔이 움직이는 방향에 따라 눈이 함께 움직이도록 설계돼 있기 때문에 사람들은 모니터의 눈만 보고도 로봇이 다음에 하려는 동작을 알 수 있습니다. 벡스터는 또한 작업자나 다른 물건과 부딪히는 순간 바로 멈추도록 설계돼 있습니다. 새로운 센서와 소프트웨어들이 충돌을 감지하면 이를 즉시 회피하도록 고안된 것이죠. 거대한 몸집에 빠르게 움직이는 산업용 로봇과는 전혀 다른 모습입니다. 훨씬 안전해졌죠. 이런 장점 때문에 벡스터는 사람의 출입이 통제된 별도의 공간이 아니라 작업자들 바로 옆에 서서 일할 수 있습니다.

설치도 편리합니다. 상자에서 꺼내 전원만 연결하면 곧바로 사용할 수 있습니다. 작동방식도 매우 간단합니다. 거대한 산업용 로봇을 작동시키려면 프로그래밍 지식을 갖춘 엔지니어가 있어야 했지만 벡스터는 누구나 몇 번의 간단한 조작만 하면 동작을 제어할 수 있도록 설계됐기 때문입니다. 로봇팔을 몇 번 움직여 벡스터가 작업할 동작을 가르쳐주는 것만으로 프로그래밍이 끝납니다. 별도의 전문가가 아니라 작업자들이 쉽게 벡스터의 작업동작을 프로그래밍할 수 있게 된 겁니다. 이런 이유 덕분에 벡스터는 새로운 제품, 새로운 작

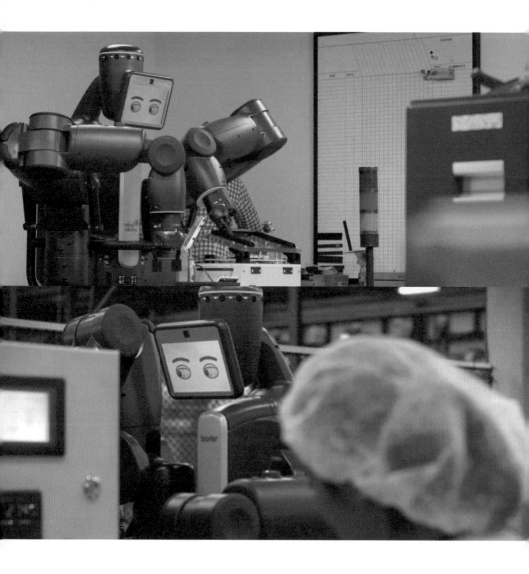

업방식에 맞게 자신에게 주어진 일을 훨씬 쉽게 해낼 수 있습니다.

벡스터는 산업현장에서 일하는 로봇에 대한 고정관념을 바꾸고 있습니다. 사람이 접근할 수 없는 별도의 공간에 격리돼 육중한 팔을 바삐 움직이며 주어진 일을 무한 반복하는 딱딱한 로봇이 아니라, 작업자들 바로 옆에서 함께 일하는 동료 같은 로봇의 모습을 떠올리도록 만들었죠. 로드니 브룩스가 벡스터를 개발하면서 회사 이름을 리씽크 로보틱스Rethink Robotics라고 정한 이유를 짐작케 하는 대목입니다. 산업용 로봇에 대한 개념 자체를 바꾸겠다는 의지가 담겨 있는 셈이죠.

하지만 아무리 안전하고 작업자가 손쉽게 다룰 수 있는 로봇이라도 가격이 너무 비싸면 그림의 떡입니다. 우리가 자동차 공장 등에서 보았던 산업용 로봇들은 대당 가격이 수십만 달러에 이르는 경우가 대부분입니다. 중소 규모의 업체들이 로봇 도입에 어려움을 겪는 이유 가운데 한 가지는 비싼 가격 때문입니다. 하지만 벡스터의 가격은 2만 2000달러, 작업자 한 명의 연봉보다 적은 금액입니다. 수명은 약 6500시간가량. 즉 시간당 임금이 3달러 40센트인 셈입니다. 여기에 아이패드처럼 언제든지 새로운 소프트웨어로 기능을 업그레이드할

▶공장 생산라인에서 일하고 있는 벡스터[17]

수 있다는 장점까지 있죠.

한 번은 2개의 서로 다른 소프트웨어를 가진 벡스터가 얼마나 일을 잘해내는지 테스트한 적이 있습니다. 벡스터 한 대에는 최신 소프트웨어가, 다른 벡스터에는 그보다 12개월 전의 소프트웨어가 탑재돼 있었습니다. 로드니 브룩스는 2대의 벡스터에 똑같은 양의 일을 처리하도록 프로그래밍했습니다. 결과는 어떠했을까요?

네, 예상대로였습니다. 작업을 시작한 지 1분여 만에 최신 소프트웨어를 탑재한 벡스터가 다른 벡스터의 2배 가까운 양의 일을 처리했습니다. 이 벡스터는 2분 33초가 지난 후에는 아예 맡은 일을 모두 끝낸 반면 1년 전 소프트웨어를 장착한 벡스터는 같은 양의 작업을 모두 마치는 데 4분 20초가 소요됐습니다. 최신 소프트웨어를 장착한 벡스터보다 2분가량이나 작업속도가 느렸던 것입니다. 업그레이드가 작업량이나 작업속도 등 로봇의 성능에 얼마나 확연한 차이를 미칠 수 있는지 확인한 테스트였습니다.

벡스터가 가진 이 같은 장점들은 제조업체들의 관심을 끌기에 충분했습니다. 가격이 저렴한 데다 안전하고, 업그레이드까지 가능한 산업용 로봇은 그동안 존재하지 않았기 때문이었죠.

미국 북동부 코네티컷에 있는 뱅가드 플라스틱스Vanguard Plastics는 병원에서 사용하는 플라스틱 컵을 생산하는 제조업체입니다. 1972년에 설립됐을 만큼 오랜 전통을 가졌지만 직원 수는 30명에 불과한 작은 회사입니다.

  이 회사의 CEO 크리스 버드닉Chris Budnick은 2014년 플라스틱 컵 생산라인에 벡스터를 도입했습니다. 벡스터에는 컨베이어 벨트에서 컵을 집어 포장 비닐에 넣는 작업이 주어졌습니다. 벡스터가 공장에 오기 전까지 다른 작업자들이 맡아 해오던 일이었습니다. 지루하고 단순할 뿐 아니라 보람 있는 일도 아니었죠.

  벡스터는 불과 6주 만에 80만 개에 이르는 플라스틱 컵을 포장했습니다. 다른 작업자들이 점심을 먹는 동안에도 혼자 묵묵히 컵을 포장했습니다. 작업량이 너무 많다거나 몸이 피곤하다는 불평도 하지 않았죠.

  벡스터가 처음 공장에 모습을 나타냈을 때 직원들은 거부감을 느꼈습니다. 사람이 아닌 로봇이었으니까요. 자신들의 일을 빼앗을 것이라는 두려움도 있었습니다. 뱅가드 플라스틱스의 직원 대부분은 이곳에서 10년 넘게 일해왔습니다. 자신의 일터가 갑자기 등장한 로봇에게 넘어가리라는 두려움이 생기지 않을 수 없었죠.

  그러나 2년쯤 지난 지금, 이제는 직원들이 더 많은 벡스터가 생산라인에 도입되기를 원한다고 합니다. 불과 15분이면 벡스터에게 다른 작업을 지시할 수 있고, 그 일을 벡스터가 어김없이 해내니까요. 20년 넘게 뱅가드 플라스틱스에서 일하고 있는 포장담당 매니저 밀드레드 마르티네즈 역시 처음에는 벡스터가 무척 낯설었습니다. 작

모든 것이 기계에 못 미친다

업자들 사이에서 하루 종일 말도 없이 스스로 움직이며 포장작업을 하는 로봇을 아무렇지 않게 받아들일 수 있는 사람은 없을 겁니다. 하지만 밀드레드는 이제 벡스터가 기계가 아니라 마치 사람처럼 느껴진다고 말합니다. 2년 넘는 기간 동안 수많은 작업을 함께해오며 벡스터가 얼마나 안전한 로봇인지, 또 얼마나 성실하게 주어진 일을 해내는지 확인했기 때문입니다.

누가 기계만큼 정확할 수 있는가

CHAPTER 3

병원에서 약사가 사라진다

인간이 점점 더 많은 로봇에 의존하게 되는 이유 중 하나는, 인간은 따라갈 수 없는 근면함이 로봇에게 있기 때문입니다. 사람이라면 마스크를 쓰고 작업해야 할 열악한 환경에서도 벡스터 같은 로봇들은 불평 한마디 없이 자신에게 부여된 임무를 수행할 수 있죠. 자신이 해야 할 일을 마칠 때까지 로봇은 결코 쉬는 법이 없습니다. 사람에게는 절대 불가능한 일이죠.

하지만 이렇게 근면한 로봇이 만약 엉터리로 일한다면 어떨까요. 절단기계에 철판을 넣으면서 정확한 위치에 놓지 않는다든지, 플라스틱 컵을 포장하면서 매번 개수를 다르게 넣는다면 로봇을 신뢰하기 어려울 겁니다. 로봇에게 정확성은 일을 신속하게 처리하는 것보다 훨씬 중요한 능력입니다.

병원에서 일하는 로봇이 있다고 생각해보죠. 환자에게 투여될 약물을 조제하고 분류하는 로봇이 의사가 처방한 양보다 많거나 적게 약물을 조제하면 어떤 일이 벌어질까요? 아니면 엉뚱한 환자에게 그 약을 배달한다면요? 약을 복용하거나 투약한 환자는 한 순간에 생명을 잃을 수도 있습니다. 다시 말해 병원에서 일하는 로봇에게 정확성은 생명과 같습니다. 단 한 번의 실수도 용납될 수 없습니다.

이런 이유 때문에 불과 몇 년 전까지만 해도 병원에서 로봇이 일하는 것은 상상하기 어려웠습니다. 하지만 이제 병원에서 일하는 로봇은 상상이 아니라 현실이 됐습니다. 미국의 100여 개가 넘는 병원에서는 터그Tug라는 이름의 로봇이 환자들에게 의약품과 침구류 등을 가져다주고 있습니다. 샌프란시스코에 있는 캘리포니아 대학UCSF에서는 대학병원에서 필요한 의약품을 로봇이 보관하고 분류한 다음 의사의 처방에 따라 조제까지 해서 환자들에게 공급하고 있습니다. 이미 2010년부터 시작된 일입니다.

병원은 매우 노동집약적인 곳입니다. 의사와 약사가 일일이 환자를 돌보거나 의약품을 보관하고 조제해야 하죠. 수술을 하거나 약을 나눠주고 밤새 환자의 상태를 체크하거나 의약품을 필요한 곳에 가져다주고 가져와야 하는 일들도 매일같이 반복됩니다. UCSF 대학병원 한 곳에서만 매일 환자들에게 지급해야 하는 약이 1만 가지가 넘습니다.

약을 처방하고 조제하는 과정은 생각보다 복잡합니다. 의사가 특

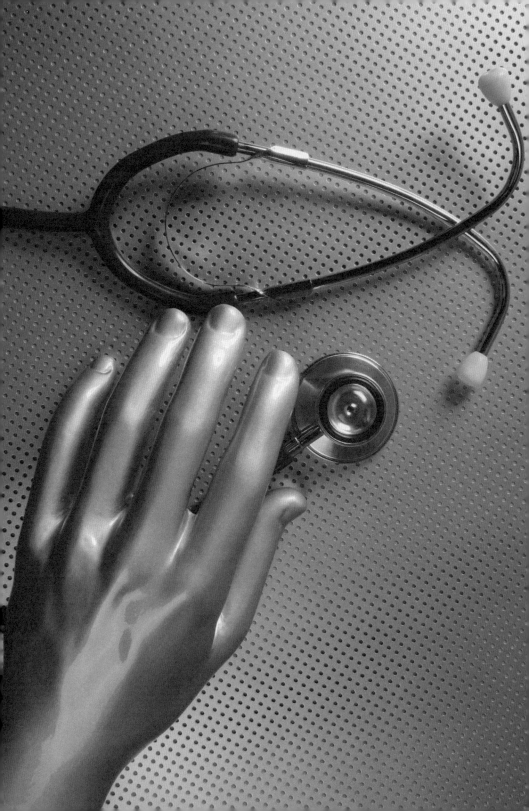

정 환자에 맞는 약을 처방하고 환자가 그 약을 복용하거나 투약하기까지 보통 10~11단계의 과정을 거쳐야 합니다. 의사 처방에 따라 약품보관함에서 약을 꺼내 조제하고 포장하는 일들이 모두 이 과정에 포함돼 있습니다.

이 과정이 복잡하기도 하거니와 더 큰 문제는 이 같은 일련의 과정 속에 생각지 못한 위험이 도사리고 있다는 사실입니다. 수만 가지 약들 가운데 특정 약을 선택하는 과정에서 약사가 투약시간을 혼동할 수 있고 복용량을 잘못 처리할 수도 있습니다. 다른 환자에게 약을 가져다주는 실수를 할 수도 있습니다.

UCSF가 약국에 로봇을 도입한 것은 이런 이유 때문이었습니다. 복잡한 의약품 처방과 제조과정을 단순화해 환자에게 치명적일 수 있는 실수를 없애고 의료진에게도 안전한 환경을 만들기 위해서였죠. 병원에서 다루는 모든 약에는 로봇이 인식할 수 있는 바코드가 표시돼 있습니다. 로봇은 이 바코드에 따라 제약회사에서 보낸 의약품을 각각의 상자 안에 분류해 보관하는 일부터 의사의 처방전에 따라 필요한 약들을 조제하고 환자들에게 전달하는 일까지 책임지고 있습니다. 조제한 약을 포장하고, 시간대별로 환자들이 먹어야 하는 약들을 하나로 묶어 간호사들에게 전해주죠. 간호사들은 로봇이 조제한 약들을 건네받아 환자가 9시에 먹을 약인지 10시에 먹어야 할 약인지 확인하기만 하면 됩니다.

　　우리가 궁금한 것은 이 제약로봇이 얼마나 정확하게 약을 조제하느냐일 것입니다. 약을 조제하는 과정에서 로봇이 실수라도 하게 되면 환자에게 치명적일 수 있으니까요. 다행스러운 점은 이 로봇이 지난 6년 동안 40만 건의 처방전을 바탕으로 약을 조제하면서 단 한 건의 실수도 하지 않았다는 사실입니다. 특정 환자에게 가야 할 약이 다른 환자의 약에 섞여 들어가거나 하는 등의 실수가 전혀 없었다는 것이죠. 사람이라면 평균 4000건 정도의 실수를 할 수 있는 양입니다.

　　제약로봇이 병원에서 약을 만드는 로봇이라면 터그는 병원에서 환자들에게 의약품이나 환자복, 음식물을 실어 나르는 로봇입니다. 터그는 수술 중인 의사에게 필요한 의료장비나 의약품을 가져다줄 수 있고 주사기나 거즈 등 수술실에서 나온 의료폐기물을 사람의 손이 닿지 않는 안전한 곳으로 옮겨놓을 수도 있습니다. 엘리베이터를 혼자서 타고 내리고 병실문을 스스로 열 수도 있습니다. 복도에서 만나는 환자나 의료진과 부딪히지 않게 피해갈 수도 있고 한 번에 500kg이 넘는 양의 의약품을 옮길 수도 있습니다. 병원 건물 이곳저곳을 자유자재로 돌아다니며 필요한 일을 할 수 있는 로봇인 셈입니다. 2016년 현재 미국에서만 140곳이 넘는 병원에서 400여 대의 터그가 일하고 있습니다.

모든 것이 기계에 못 미친다

터그는 병원에서 일하는 의료진과 직원들의 부담을 획기적으로 줄였습니다. 예전에는 음식 나르는 일부터 수술이나 치료 등에 필요한 의료용품과 장비들을 모두 병원에서 일하는 직원들이 직접 운반해야 했습니다. 하지만 이제는 특정한 환자나 의료진에게 보낼 약품을 터그 안에 넣은 다음 목적지만 입력하면 끝입니다.

이제 병원에서도 사람보다 실수를 훨씬 덜하면서도 빠르고 정확하게 일을 처리하는 로봇들이 인간의 자리를 대신해가고 있습니다. 로봇 터그를 만든 에이썬Aethon 사의 CEO 알도 지니Aldo Zini는 병원에서 일하는 로봇들이 병원 직원들의 일자리를 빼앗지는 않을 것이라고 말합니다. 오히려 그들이 감당해야 했던 단순하면서도 반복적인 노동을 로봇이 대신함으로써 병원을 더 효율적이고 안전한 곳으로 변화시키고 있다고 말합니다.

현재 터그는 미국뿐 아니라 호주에 있는 병원에서도 일하고 있습니다. 시간이 지나면 더 많은 로봇들을 병원에서 보게 될 듯합니다. 생각해보면 병원에서는 이미 터그 외에도 수많은 로봇들이 일하고 있습니다. 수술실에서는 인간보다 훨씬 정밀한 로봇이 의사들을 돕고 있죠. 의료진의 손과 기술로는 해낼 수 없는 수술을 로봇의 힘을 빌려 하고 있습니다.

병원에서 일하는 로봇들이 사람들의 일자리를 빼앗을지 단정하기는 아직 어렵습니다. 하지만 분명한 것은 다른 모든 영역에서 일어나고 있는 변화처럼 병원 또한 자동화 물결의 영향으로부터 자유롭지 못하다는 사실입니다. 우리나라에서도 환자에게 음식을 가져가는 터그를 병원 복도에서 만나거나 약사의 손을 거치지 않고 조제된 약을 복용할 날이 멀지 않았습니다.

누가 기계만큼
신속할 수 있는가

CHAPTER **4**

판단하고 분석하는 기계

　　사람들은 으레 로봇은 할 수 없는 '사람만이 할 수 있는 분야'가 있다고 믿곤 합니다. 어떤 것들이 있을까요? 글을 쓰거나 누군가 써놓은 글을 평가하거나 혹은 새로운 예술 작품을 만들어내는 등의 예술적 창의성이 필요한 활동이 대표적입니다. 또는 국가안보에 중요한 결정을 내린다든지 하는 '판단'을 요하는 활동도 사람들만이 할 수 있는 분야로 여겨져 왔습니다.

　　그런데 이에 대해 의문을 제기한 인물이 있습니다. 일본 하코다테 미래대학의 마쓰바라 히토시 부이사장이 주인공입니다.

　　"많은 사람들이 컴퓨터는 영원히 창조성을 가질 수 없다고 말합니다. 창조성은 인간에게 주어진 특별한 능력이라고. 그렇게 생각할 수도 있지만, 저는 컴퓨터도 창조성을 지닐 수 있다고 보았습니다. 이에 대한 연구로 무얼 할까 궁리하다가 소설을 쓰게 하자고 생각했지요. 아직은 미숙하지만, 정말 인간을 감동시키는 소설을 인공지능이 쓸 수 있다면 그 누구도 컴퓨터는 창조성을 가질 수 없다는 말을 하지 않게 되리라 생각해서 시작했습니다."

그가 개발을 주도한 로봇은 소설을 써서 문학상 예선을 통과했습니다. 마쓰바라 히토시는 일본의 국민소설가 호시 신이치의 작풍을 지향하는 인공지능을 만드는 것이 목표라고 말합니다. 그 밖에 좋은 음악을 선별하는 데 탁월한 능력을 발휘하는 알고리즘이 있는가 하면, 시나리오를 분석해 어떤 영화가 흥행에 성공할지 미리 알아내기도 합니다. 사람들이 좋아하는 패턴을 수학적으로 분석할 수 있게 됐기에 가능한 일입니다.

스포츠 분야도 예외가 아닙니다. 미식축구나 농구, 야구, 축구 같은 다양한 스포츠 종목에서 팀의 승리와 선수들의 경기력 향상을 돕는 수많은 분석 알고리즘이 활용되고 있습니다. 실상 오늘날에는 인간이 생활하고 있는 거의 모든 영역에 알고리즘이 활용되고 있다고 해도 과언이 아닙니다. 다만 눈에 보이지 않을 뿐이죠.

이런 경우를 자주 봅니다. 어떤 사람이 "이 앱이 어떻게 목적지를 찾는 거지?"라고 물으면 우리는 그저 "알고리즘이 작동하고 있기 때문이지"라고 말합니다. 그렇다면 알고리즘이란 대체 무엇일까요? 어떻게 정의할 수 있을까요?

로봇은 흔히 연상하는 물리적인 형태 외에 소프트웨어인 알고리즘도 포괄합니다. 알고리즘이라는 단어를 들으면 가장 먼저 복잡한 수학방정식이나 이해할 수 없는 수많은 컴퓨터의 명령어들이 떠오릅니다. 이처럼 알고리즘은 컴퓨터나 기계를 움직이게 하는 '어떤 것' 정도로 생각되죠. 틀린 말은 아닙니다. 쉽게 말해 알고리즘은 컴퓨터의 언어로 작성된 일련의 지시사항들이니까요. 어떤 정보를 입력하면 컴퓨터나 기계가 사전에 프로그램돼 있는 경로를 따라 어떤 결과물을 내놓거나 어떻게 작동할지 알려주는 명령어들의 모음입니다.

비록 눈에 보이지는 않지만, 알고리즘은 인간의 문화를 만들고 우리가 보고 듣고 느끼는 거의 모든 것들을 만들어내고 있습니다. 현재 알고리즘은 스스로 기사를 작성하고 분석리포트를 내놓을 만큼 발전했습니다.

알고리즘이 우리 일상 곳곳에 스며 있다고 했는데, 그렇다면 가장 많이 사용되고 있는 곳은 어디일까요? 사람들이 길을 쉽게 찾을 수 있도록 도와주는 편의적 역할 이상을 하는 영역도 있을 텐데요. 대표적인 곳이 월스트리트입니다. 세계에서 가장 많은 금융거래가 일어나고 천문학적인 돈이 매일같이 오가는 곳이죠.

월스트리트의 금융거래를 움직이는 것은 사람이 아닙니다. 알고리즘이죠. 월스트리트에서 이루어지는 금융거래의 70%가량은 알고리즘에 의해 거래되고 있습니다. 복잡한 수학방정식과 컴퓨터공학이 천문학적인 돈이 오가는 금융거래의 대부분을 차지하고 있는 겁니다. 월스트리트는 막대한 돈을 벌기 위한 수단으로 사람 대신 알고리즘을 선택했습니다.

지금 이 순간에도 월스트리트에서는 수많은 종류의 알고리즘이 활용되고 있습니다. 더 적은 비용으로 금융거래를 할 수 있도록 고안된 알고리즘도 있고, 주식시장의 변동상황을 한눈에 파악하기 위해 만들어진 알고리즘도 있습니다. 금융시장에 영향을 미치는 요인들을 분석하는 알고리즘도 있고, 보유 주식을 더 높은 가격에 팔기 위해 설계된 것도 있습니다. 이처럼 다양한 알고리즘을 찾아내거나 다른 알고리즘보다 빠르게 거래해 차익을 올릴 수 있도록 고안된 알고리즘도 있죠. 상대방보다 조금이라도 더 유리한 고지를 선점하기 위한 각축전이 매일같이 벌어지는 곳이 바로 월스트리트입니다. 세계에서 가장 똑똑한 컴퓨터과학자와 수학자들이 매일같이 전쟁을 치르고 있는 곳이기도 하죠. 이들이 만들어내는 알고리즘은 시간이 지날수록 더욱 빨라지고 정교해지고 있습니다.

증시의 숨은 지배자가 드러나다, 플래시 크래시 사건

알고리즘이 이렇게 월스트리트를 사실상 지배하게 된 이유는 무엇일까요? 거래규모가 더 이상 사람이 감당할 수 없을 만큼 커졌고,

시시각각 변하는 시장상황을 판단하는 데에도 한계가 있기 때문입니다. 설사 어떤 전문가가 천문학적인 돈이 걸린 금융거래에서 수많은 경우의 수를 분석해 막대한 돈을 벌어들일 능력이 있다 해도 시시각각 변하는 거래가격과 시장상황을 모두 좇아가기는 불가능합니다. 어느 시점에 얼마만큼의 보유 주식을 팔고 사들여야 하는지를 자동으로 계산해 처리하는 알고리즘의 속도를 따라잡을 수도 없고요.

이를 잘 보여주는 대표적인 사례가 바로 월스트리트에서 흔히 볼 수 있는 초단타매매HFT, High Frequency Trading입니다. 초단타매매는 컴퓨터가 주가나 파생상품의 미세한 가격변동을 감지해 1초도 안 되는 사이에 수백 번에서 수천 번의 매매를 통해 수익을 올리는 거래방식을 가리킵니다. 몇 년 전만 해도 초단타매매를 해서 주식 부자가 된 사람들의 기사가 신문에 실리기도 했지만, 이제는 어림없는 일입니다. 인간은 결코 따라갈 수 없는 속도로 컴퓨터가 대신 하고 있으니까요. 컴퓨터는 어느 순간이든 사전에 입력돼 있는 가격보다 싸면 사들이고 비싸면 팔아서 시세차익을 올릴 수 있도록 프로그램돼 있습니다. 모든 거래는 자동으로 이루어지죠. 더 빠르게 거래를 성사시킬수록 더 많은 수익을 올릴 수 있는 구조입니다. 알고리즘에 의해 거래가 자동으로 이루어지는 초단타매매에서 인간은 개입할 틈이 전혀 없습니다. 불과 10년 전만 해도 월스트리트의 거래 대부분은 전화를 통해 이루어졌지만, 지금은 컴퓨터가 이 모든 일들을 담당하고 있습니다.

그럼에도 알고리즘에 대해 인식하지 못했던 이들에게 이것이 얼마나 위력적인지 웅변하는 사건이 있었습니다.

2010년 5월 6일, 미국뿐 아니라 세계 증시가 한순간에 대혼란에 빠졌습니다. 미국의 다우지수가 거래 종료를 얼마 남겨두지 않고 순간적으로 1000포인트 가까이 폭락했기 때문이었습니다. 불과 5분 만에 시가총액으로 1조 달러에 달하는 돈이 증시에서 사라졌습니다. 원화로 하면 1200조 원가량인데, 2016년 한국정부 예산이 387조 원가량이니 얼마만큼의 규모인지 짐작이 될 겁니다. 이른바 플래시 크래시Flesh Crash라 불리는 급격한 주가폭락 사태입니다.

《알고리즘으로 세상을 지배하라Automate This》의 저자 크리스토퍼 스타이너Christopher Steiner는 당시를 이렇게 회상하고 있습니다.

"1조 달러가 불과 5분 만에 사라졌어요. 아무런 설명도 없이 말이죠. 얼마 안 있어 거래시장이 다시 살아나더군요. 이 사건을 통해 '플래시 크래시'라는 것이 세상에 알려졌습니다. 주식시장이 그동안 사람이 아니라 사실은 컴퓨터 알고리즘에 의해 좌지우지되어 왔다는 사실이 드러나는 순간이었죠. 사람은 그렇게 빨리 거래할 수 없어요. 만약 사람이 거래했다면 5분 만에 1조 달러가 사라지는 일은 일어나지 않았을 겁니다.

　너무 순식간에 일어난 일이라서 당시 주식시장에 있던 사람들은 무엇을 어떻게 할지 몰랐습니다. 아무도 어떤 일이 일어난 것인지 알지 못했어요. 완전히 패닉상태에 빠져 있었죠. 주식시장에서 마치 스타워즈를 방불케 하는 알고리즘 전쟁이 일어나고 있었는데, 아무도 이런 사실을 몰랐던 것이죠. 그래서 펀드매니저인 제 친구에게 물어봤습니다. 알고리즘이 세상을 지배하기 시작한 거냐고요. 그는 조금도 주저하지 않고 이렇게 대답했습니다.

　'당연하지!'"

　알고리즘이 모든 것을 지배하기 시작했다 해도 과언이 아닌 세상이 됐습니다. 미국 선물시장에서 알고리즘이 매수 주문을 하는 경우는 70% 이상입니다. 그 알고리즘을 설계한 사람은 물론 엄청난 보수를 받겠죠. 대신 증권사 창구에서 매수 매도 주문을 넣던 사람들은 대부분 사라졌습니다. 미국에 비하면 우리나라는 아직 상당 부분을 사람이 직접 처리하지만, 시간차가 있을 뿐 변화의 흐름을 막기에는 역부족입니다. 알고리즘의 투자 실적이 결코 나쁘지 않거든요. 그러니 기업에서 느리고 비싼 사람을 더 고용할 이유가 없죠. 같은 주식을 사고자 한다면, 결국 승패를 가르는 것은 '속도'밖에 없으니까요.

일반 투자자들 또한 사정은 다르지 않습니다. 개미투자자들은 몇 년씩 주식공부를 해도 언제 사고 팔아야 할지 매번 망설이다 타이밍을 놓치기 일쑤입니다. 그때마다 주식시장을 움직이는 '큰손'들을 원망하기도 했죠. 그러나 자신이 원망하는 '큰손'이 사람이 아닐 거라는 생각은 하지 못했을 겁니다.

주식이나 채권시장이 그러하듯 앞으로 펼쳐질 세상은 알고리즘이 지배하는, 알고리즘의 세상이라 해도 과언이 아닐 겁니다. 더욱 빨라지고 정교해진 알고리즘들이 훨씬 다양한 영역에서 작동될 것이 확실시되고 있기 때문입니다. 어쩌면 우리가 알고리즘을 만들어내는 것이 아니라, 알고리즘이 우리의 일상을 만들어내고 있는지도 모릅니다. 우리는 과연 어느 정도까지 알고리즘의 지배를 허용하게 될까요?

누가 기계처럼
분석할 수 있는가

CHAPTER **5**

우리 조직에 적합한 사람을 골라주는 알고리즘

미국의 주

식시장 사례에서 보았듯이, 알고리즘은 수치를 가지고 분석하는 작업에는 인간이 결코 따라갈 수 없는 능력을 가지고 있습니다. 사람보다 훨씬 빠르고 정확하죠. 하지만 이것은 어디까지나 객관적이고 이성적인 숫자의 영역입니다. 과연 알고리즘이 주관적이고 감성적인 것들도 분석할 수 있을까요? 이를테면 사람의 감정 같은 것 말입니다. 인간의 감정은 매우 주관적이고 사적인 것이어서 객관적인 수치로 평가하고 분류하기가 매우 어렵습니다. 인간만이 가진 복잡하고도 미묘한 수만 가지의 감정을 정량화한다는 것 자체가 불가능해 보이기도 합니다.

하지만 알고리즘이 인간의 감정까지 분석할 수 있다면 어떤 일이 벌어질까요? 특정 임무에 요구되는 감성을 누가 가장 많이 가지고 있는지 찾아낼 수 있겠죠. 그럼으로써 가장 적합한 인물을 배치한다면, 심리적으로 불안한 사람에게 중요한 일을 맡기는 실수를 범하지 않을 수 있을 겁니다.

미 항공우주국 나사NASA에서는 이런 일을 이미 오래전부터 해왔습니다. 우주로 나가 특별한 임무를 수행해야 하는 우주비행사를 선발하는데 어느 한 사람이 동료들과 협업하지 못하거나 사사건건 문제를 일으킨다면 막대한 예산이 소요되는 우주 사업에 큰 걸림돌이 될 겁니다. 한두 명의 우주인 때문에 우주에서 완수해야 하는 임무를 제대로 수행할 수 없게 되겠죠.

우주선이라는 폐쇄된 공간 안에서 여러 명의 우주인이 일주일 동안 원만히 지내려면 어떤 성격이 서로 부딪치고 어떤 성격이 그렇지 않은지를 미리 알아야 할 겁니다. 상반되는 성격의 인물들이 서로 충돌하기라도 하면 제대로 임무를 수행하기 어려울 테니까요. 여러 인물들 가운데 누가 임무를 더 잘 수행할 수 있는지 또 누가 폐쇄된 공간에서 심리적인 어려움을 겪을지도 알아야 합니다. 예비 우주인들의 성격을 미리 파악하는 것은 임무를 맡은 우주인들의 충돌을 예방하고 임무 수행에 가장 적합한 사람이 누구인지를 가려내는 데 없어서는 안 될 중요한 요소입니다.

이를 위해 나사에서는 1970년대에 특별한 프로젝트를 시작했습니다. 우주로 나갈 비행사와 과학자들의 성격을 미리 테스트할 수 있는

프로그램을 개발한 것이죠.

나사는 치료심리학자인 태비 캘러Taibi Kahlr 박사에게 이 임무를 맡겼습니다. 캘러는 프로세스 커뮤니케이션 모델Process Communication Model이라는 정신분석학적 방법론을 개발한 인물입니다. 캘러는 이 모델에 따라 어떤 인물이 우주로 나가 임무를 제대로 수행할 수 있는지 평가했습니다. 우주인 선발과정에서 사람들이 대화하는 방식을 분석해 특정인의 성격을 미리 예측하는 방법이었죠.

캘러는 특정인이 대화에서 주로 사용하는 단어와 구절을 분석하고, 그 결과를 토대로 사람들의 성격을 6가지로 분류했습니다. 어떤 어휘를 사용하고 어떤 문장을 만드는지, 또 어떤 대명사를 쓰고 동사를 사용하는지와 같은 대화패턴을 분석해 그 인물의 성격은 어떠하며, 어떤 상황이나 말에서 스트레스를 받는지 미리 예측할 수 있었습니다. 불과 10분간의 대화로 말이죠. 태비 캘러 박사의 프로세스 커뮤니케이션 모델은 나사가 준비하던 우주 프로젝트에 획기적인 도움을 주었습니다.

사람들이 사용하는 단어와 문장들은 그 사람을 이해하는 데 중요한 자료가 됩니다. 주식시장에서 기업의 재무상황이나 매출, CEO의 근황 같은 것들이 해당 기업의 미래 가치를 평가하는 중요한 자료가 되는 것처럼 말이죠. 다시 말해 사람들이 대화에서 사용하는 단어들은 특정인의 성격과 심리상태, 불만 등을 찾아내는 중요한 단서로 활용될 수 있습니다.

　나사의 우주인 선발에 사용됐던 이 같은 방법들이 새로운 컴퓨터 알고리즘과 결합된다면 어떻게 될까요? 그동안 하지 못했던 많은 일들이 가능해질 겁니다. 신입사원을 선발하기 위해 지원자들과 면접을 진행한 다음 어떤 지원자가 기업 철학과 사업방향에 적합한 인재인지 좀 더 정확하게 가려낼 수 있겠죠. 혹은 미래에 자신의 배우자가 될 사람이 자신과 성격이나 삶에 대한 태도가 비슷한지도 가려낼 수 있을 겁니다.

고객 성향에 맞는 상담원을 연결하는 콜센터

켈리 콘웨이 Kelly Conway는 나사가 우주인을 선발하는 데 사용했던 기술을 콜센터에 적용했습니다. 그러고 나서 이로열티eLoyalty라는 회사를 설립했죠. 이로열티는 보험회사 같은 대기업에 자동화된 콜센터 시스템을 구축해주는 회사입니다. 누구나 알다시피 콜센터는 어떤 제품이나 서비스를 구입한 고객이 해당 제품에 대해 불만이나 문의사항이 있을 때 해결할 수 있도록 도와주는 곳입니다.

　콜센터는 고객을 만나는 접점이라는 점에서 기업에 매우 중요합니다. 콜센터 직원들이 고객들의 요구사항을 제대로 해결해주지 못하면 곧바로 기업 이미지가 실추될 수도 있으니까요. 고객들은 전화기 너머로 들리는 콜센터 직원의 목소리나 전화 받는 태도를 토대로 해당 기업을 평가합니다. 즉 콜센터 직원들의 말 한마디 한마디는 곧바로 기업에 대한 평가와 이미지로 직결된다고 볼 수 있죠.

만약 콜센터 직원들이 전화한 고객의 성향을 재빨리 파악할 수 있고 왜 전화했는지 알 수 있다면 훨씬 효율적으로 고객들의 불만과 요구사항을 처리할 수 있을 겁니다. 그렇게 되면 고객은 제품 상담이나 불만을 말하기 위해 전화기를 붙들고 오랫동안 기다려야 하는 불편을 겪지 않아도 됩니다. 기업은 콜센터로 걸려오는 민원전화를 빨리 처리할 수 있으니 그만큼 효율성을 기할 수 있습니다. 그 결과 고객 만족도가 올라간다면 더 바랄 나위가 없겠죠.

켈리 콘웨이가 나사의 기술에서 착안한 점은 바로 이것입니다. 콜센터로 전화를 걸어오는 고객들의 불만을 신속하게 찾아내고 전화 건 사람의 성격을 단시간에 분석할 수 있는 알고리즘을 개발하기로 했습니다.

어떤 고객이 처음 콜센터에 전화를 걸면 음성인식 시스템에 기반한 이로열티의 알고리즘은 고객이 하는 말과 패턴, 사용하는 단어 등을 분석해 해당 고객에게 가장 적합한 콜센터 직원에게 전화를 연결합니다. 고객이 콜센터 직원에게 말하는 순간부터 채 2분도 안 되는 사이에 고객의 불만이나 성격 분석이 완료되는 것입니다. 켈리 콘웨이는 이렇게 말합니다.

"고객의 입에서 나오는 몇 개의 문장만으로도 우리는 고객에 관한 수많은 정보를 알아낼 수 있습니다. 모두 알고리즘이 인간이 사용하는 언어를 분석할 수 있기 때문에 가능한 일입니다."

콜센터에 전화를 건 고객들은 자신이 말하는 내용이 알고리즘에 의해 녹음되고 분석된다는 사실을 거의 눈치 채지 못합니다. 다만 '서비스의 품질을 높이기 위해 대화가 녹음될 수 있습니다'와 같은 기계의 음성을 듣는 데 그칠 뿐이죠. '서비스의 품질을 높이는' 작업이 이 정도로 정교하게 진행되리라 생각하는 고객은 많지 않을 것입니다.

켈리 콘웨이는 당시 5000만 달러라는 거금을 들여 콜센터의 통화 내역 200만 건을 분석해 나사가 했던 방식 그대로 고객들의 성향을 6가지 카테고리로 분류했습니다. 고객들이 콜센터의 자동응답 시스템이나 직원들과 통화하는 사이 그들의 언어습관을 분석해 불만이나 요구사항을 신속하게 찾아내는 작업이었습니다.

만약 고객의 입에서 '취소' 혹은 '실망' 같은 단어가 튀어나오면 이로열티의 알고리즘은 전화를 건 사람이 회원가입을 취소하거나 자신의 계정을 없애고 싶어 한다는 사실을 바로 알아차릴 수 있습니다. 혹은 그 고객이 예전에도 콜센터에 전화한 적이 있다면 알고리즘은 해당 고객이 어떤 성향인지 또는 그가 고객계정을 취소할 확률이 몇 퍼센트나 되는지 분석해 응대하고 있는 콜센터 직원에게 바로 알려줄 수도 있죠. 아울러 전화를 건 고객이 해당 기업에 얼마나 중요한 고객인지도 신속하게 분석해서 콜센터 직원에게 알려줍니다. 신용카드 회사의 고객이라면 카드대금을 연체한 적이 있는지 아니면 얼마나 카드를 많이 사용하는지와 같은 부가적인 정보들도 빠르게 분석해서 알려주는 식이죠.

이 알고리즘이 얼마나 효율적인지 예를 들어 설명해보겠습니다. 이로열티의 알고리즘이 콜센터로 전화를 걸어온 어떤 고객을 일중독자Workholic 유형이라고 분석해서 알려준다고 가정해보죠. 알고리즘이 고객의 언어습관과 패턴을 분석해 알려준 정보입니다. 이런 고객과 연결된 콜센터 직원은 어떤 방식으로 응대하는 것이 현명할까요? 알고리즘은 일중독자 타입의 고객들은 자신의 요구나 불만사항이 신속하게 처리되기를 선호한다고 알려줍니다. 알고리즘이 알려준 정보는 이 고객이 "어떻게 지내세요?" 같은 콜센터 직원들의 사소한 친절에는 별다른 관심이 없다는 의미를 함축하고 있습니다. 다시 말해 콜센터 직원과 불필요한 질문을 주고받느라 귀중한 시간을 낭비하기보다 빨리 본론으로 들어가기를 더 원하는 사람이라는 의미입니다.

이와 달리 상대방의 대화에 잘 응해주는 반응형Reactors 고객들도 있습니다. 이들에게는 인사치레가 생략해도 좋은 것이 결코 아닙니다. 오히려 콜센터 직원들이 "어떻게 지내세요?"와 같은 사소한 대화나 호의를 보이지 않으면 자신을 무시한다고 생각해 기분 나빠 하는 경우가 많죠.

이로열티의 언어분석 알고리즘은 250명의 언어학자와 행동과학자 그리고 통계학자가 사람들이 감정을 표현하는 방법과 그때마다 사용하는 언어들을 분석해 정량화한 결과물입니다. 고객과 콜센터 직원 사이에 오가는 수천만 가지의 복잡하고도 미묘한 대화를 분석해 고객의 성향 및 그들이 원하는 것을 신속하게 파악하기 위해 만들어진 기술이죠. 이로열티의 알고리즘은 6억 건에 달하는 통화내용을 분석해 저장하고 있습니다. 600테라바이트[18]에 달하는 방대한 양입니다.

고객의 대화패턴을 분석하는 알고리즘의 등장으로 콜센터에 전화를 건 고객들은 이제 10분 넘게 전화기를 붙들고 있어야 하는 불편을 겪지 않게 됐습니다. 시스템을 도입한 기업들도 고객들의 불만이나 요구사항을 예전보다 훨씬 빠르게 처리할 수 있죠. 이로열티와 같은 알고리즘이 존재하지 않았다면 고객들은 말이 통하지 않는 콜센터 직원과 실랑이하거나 다른 데로 전화를 계속 돌리는 데 실망했을

지도 모릅니다. 해당 기업의 이미지나 신뢰도 또한 추락할 수밖에 없 겠죠.

미국의 경우 기업들이 콜센터 직원 한 사람을 고용하는 데 드는 비 용은 1년에 대략 5만 달러 정도로 알려져 있습니다. 미국의 최대 통 신회사인 AT&T 같은 거대 기업들은 많게는 10만 명가량의 콜센터 직원을 고용하고 있습니다. 해마다 수입 억 달러에 달하는 비용을 기 업 이미지를 지키고 고객들을 유지하는 데 쓰는 셈입니다. 하지만 고 객들의 대화내용을 자동으로 분석하는 이로열티 시스템은 직원 한 명이 1개월에 하던 일을 175달러에 처리하고 있습니다. 덕분에 이로 열티의 음성분석 시스템을 도입한 기업들은 콜센터를 유지하는 데 드는 비용을 20%가량 줄일 수 있었습니다. 콜센터 직원들의 앞날이 걱정스러운 이유입니다.

이로열티의 알고리즘이 가져온 변화는 막대합니다. 수십 억 명에 달하는 고객들은 자신의 말을 쉽게 알아듣고 제품이나 서비스에 대 한 불만에 공감하는 콜센터 직원과 바로 통화할 수 있게 되었습니다. 기업들은 고객의 마음까지 분석하고 신속하게 처리할 수 있는 알고 리즘 덕분에 자사의 고객들을 더 이상 잃지 않아도 됩니다. 비용도 절감하면서요.

알고리즘은 이제 우리의 일상적인 대화패턴을 들여다보고 말의 의미를 깨우치는 단계를 넘어 사람의 감정을 분석하고 평가하는 일까지 해내는 수준으로 나아가고 있습니다. 태비 캘러 박사가 우주인 선발에 활용했던 방법이 수십 년이 지난 지금 새로운 알고리즘과 결합돼 세상을 바꿔나가고 있습니다.

누가 기계처럼 판단할 수 있는가

CHAPTER **6**

보고서를 쓰는 소프트웨어

영어로 내러티브narrative는 '이야기'라는 뜻입니다. 어떤 사건이나 대상을 묘사하거나 서술하는 것을 지칭해 '내러티브'라고 하죠. 영화 시나리오나 소설의 이야기들은 모두 이야기의 흐름, 즉 내러티브를 가지고 있습니다. 반면 사이언스 science라는 단어는 과학을 지칭하는 용어입니다. 지구상에 존재하는 사물의 구조나 체계 혹은 성질을 탐구하는 인간의 모든 지식활동과, 이를 통해 정립된 지식체계를 통틀어 '과학'이라 부르죠.

언뜻 보기에 내러티브와 사이언스는 서로 어울리지 않는 단어입니다. 내러티브는 사건이나 대상을 특정인의 관점과 논리에 따라 이야기로 풀어나가는 것이니 주관적인 성향이 강하지만, 과학은 말 그대로 객관적인 지식에 기반한 학문체계이니까요. 과학이 객관적이지 못하다면 학문으로서의 존립기반 자체가 흔들릴 수밖에 없을 겁니다.

모든 것이 기계에 못 미친다

재미있는 사실은 이처럼 어울리지 않는 두 단어를 결합해 만들어진 회사가 있다는 점입니다. 바로 미국 시카고에 소재한 내러티브 사이언스Narrative Science입니다. 내러티브 사이언스는 미국 노스웨스턴 대학교 저널리즘학과 교수였던 크리스 해먼드Kris Hammond와 지금은 구글에 인수된 인터넷 광고서비스 회사 더블클릭DoubleClick의 임원이었던 스튜어트 프랭켈Stuart Frankel이 공동으로 설립한 회사입니다. 크리스 해먼드는 현재 내러티브 사이언스의 기술책임자Chief Scientist를 맡고 있고 스튜어트 프랭켈은 이 회사의 CEO로 활동하고 있습니다. 2014년 두 사람을 만나 내러티브 사이언스라는 회사 이름이 어떤 의미를 가지고 있는지 물었습니다. 크리스 해먼드의 대답입니다.

"내러티브 사이언스는 컴퓨터 과학이 내러티브, 즉 이야기를 만들어낸다는 의미를 내포하고 있습니다. 기술의 힘으로 데이터를 완벽하게 분석해서 사람이 이해할 수 있는 언어로 이야기를 서술한다는 뜻이죠. 아주 자연스러운 방식으로 말이에요. 현재 꽤 많은 분야에서 이런 일이 이루어지고 있습니다. 내러티브 사이언스에는 내러티브(이야기)를 자동으로 만들어내는 기술이 있는데, 컴퓨터 알고리즘이 사람들이 이해할 수 있도록 데이터를 가지고 이야기를 생산해냅니다. 바로 퀼Quill이라 불리는 시스템이죠."

퀼은 내러티브 사이언스가 보유한 인공지능 소프트웨어 플랫폼입니다. 수많은 데이터와 수치를 모아서 분석한 다음 그 내용을 가지고 글을 써내는 소프트웨어죠. 차트나 도표는 그 자체로는 이해하기가 어렵습니다. 차트나 도표에 담긴 숫자와 기호들의 의미를 되새겨야 하니까요. 하지만 글은 누구든지 쉽게 읽을 수 있습니다. 기업이 보유한 수많은 데이터들을 분석해 차트나 도표로 그리면 이해하기가 어렵지만 기업의 실적이나 수익전망 보고서 등을 글로 써내면 훨씬 쉽게 의미를 이해할 수 있는 원리와 같습니다. 퀼이 하는 작업이 바로 이것입니다. 프랭켈의 설명을 들어보시죠.

"퀼은 모든 분야의 글을 작성할 수 있도록 설계돼 있습니다. 필요한 것은 하나, 데이터입니다. 데이터를 수집하고 필요한 내용만 걸러내는 작업을 거쳐 데이터 안의 중요하고 재미있거나 의미 있는 부문만을 찾아내 결과를 영어로 서술하는 겁니다. 마치 사람이 직접 쓴 것처럼 말이죠.

내러티브 사이언스의 주요 고객 중에는 미국 경제지 〈포브스For-bes〉도 있습니다. 퀼이 작성한 수익보고서를 제공하고 있죠. 미국 내 기업들의 수익이 얼마인지 알려주고 과거와 비교해 현재 어느 수준에 와 있는지 '이야기'로 들려주는 것입니다. 기업들의 데이터를 분석해 전망을 예측하고 다음에 어떤 일이 일어날지도 미리 알려줍니다. 예전에는 수익보고서를 볼 수 있는 사람이 많지 않았습니다. 차트나 숫자를 이해할 수 있는 사람들이 적었으니까요. 하지만 퀼이 작성하는 이야기 형태의 보고서는 누구나 읽고 이해할 수 있습니다. 알고리즘이 숫자를 모으고 분석해서 모든 사람들이 이해할 수 있도록 글로 풀어주기 때문이죠."

전통적으로 '이야기'는 사람만의 영역이었습니다. 읽고 쓰는 능력이 필요하죠. 퀼은 이제 사람만이 할 수 있었던 일을 대신하고 있습니다. 보고서나 기사를 쓰니까요. 도대체 퀼은 어떤 방법으로 이런 일을 할 수 있게 된 걸까요?

만약 어떤 사람이 '내가 A라는 사람보다 키가 클까, 작을까?'를 고민하고 있다면 가장 먼저 할 일은 A의 키와 나의 키를 파악하는 것입니다. 그리고 그 수치를 비교해야 답을 얻을 수 있죠. 마찬가지로 어떤 사람이 'B라는 것에 대해 알고 싶어'라는 욕구가 생긴다면 B에 관한 정보가 있어야 합니다. 어떤 대상이나 현상에 대해 의문을 갖고 해답을 찾는다는 것은 곧 데이터를 찾고 모으는 과정을 필연적으로 수반하게 된다는 의미입니다. 필요한 정보가 무엇인지, 어떻게 찾아야 하는지, 또 어떤 데이터를 찾아야 하는지가 문제해결을 위한 출발점이죠. 퀼이 일하는 방식은 이처럼 무엇이 문제인지 규정하고 그 문제를 해결하기 위한 정보를 찾는 것에서부터 출발합니다. 크리스 해먼드는 자료 수집과 분석을 퀼이 자체적으로 수행한다고 설명합니다.

"이 모든 과정은 내러티브 분석기술과 관련돼 있습니다. 퀼이 어떤 이야기를 사람들이 사용하는 자연어로 작성할 수 있다는 것은 그 문제에 대해 이미 알고 있다는 뜻입니다. 말할 수 있다는 것은 그것에 대해 안다는 뜻이니까요. 이는 곧 퀼이 무언가에 대한 계산이나 분석을 끝냈다는 의미입니다. 데이터를 활용해서 말이죠. 퀼은 이 모든 과정을 혼자 해낼 수 있습니다."

퀼은 방대한 데이터를 수집해 흥미로운 새로운 사실을 찾아내거나 불필요한 정보들을 걸러냅니다. 그리고 데이터들이 함축하고 있는 의미와 연관성을 분석해 이야기의 방향을 정하고 틀을 구조화하죠. 이 같은 과정을 거친 후 퀼은 걸러낸 정보들 가운데 중요한 팩트와 시사점을 다시 추출하고 보고서나 기사 형태의 이야기로 써내려갑니다. 사람들이 읽고 쓰는 자연어 형태로 전환시켜서 말이죠.

퀼이 사람처럼 글을 쓴다는 것은 인간만큼 자연스럽게 기사나 보고서를 쓴다는 의미와 같습니다. 이를 위해서는 퀼에 사용되는 컴퓨터 언어를 우리가 평상시에 쓰는 언어로 전환하는 자연어처리natural language processing 과정이 반드시 필요합니다. 퀼이 작성한 보고서가 사람이 작성한 보고서처럼 감쪽같은 것은 모두 이 기술 덕분입니다. 시스템 자체가 인간과의 의사소통을 위해 만들어졌기 때문이죠. 자연어처리 기술과 인공지능 기술이 지금처럼 발전하지 않았다면 퀼이 보고서를 쓰는 일은 상상하기 어려웠을 것입니다. 스튜어트 프랭켈은 컴퓨터가 분석한 결과물을 도표나 차트가 아닌 자연어로 출력하는 일은 사실 새로운 게 아니라고 말합니다. 지난 20~30년 동안 계속 있어왔다는 것이죠. 하지만 컴퓨터가 일련의 과정을 거쳐 자연어를 통해 자동으로 이야기를 만들어낼 수 있다는 것은 매우 새로운 현상입니다. 이런 일을 해낼 수 있는 회사들도 별로 많지 않고요.

그렇다면 전문적인 지식을 요구하는 금융보고서까지 인간의 언어로 써내는 인공지능 플랫폼 퀼은 어떻게 만들어지게 된 걸까요? 이 이야기는 내러티브 사이언스의 창업스토리로 거슬러 올라갑니다.

2009년, 크리스 해먼드는 노스웨스턴 대학교에서 컴퓨터과학과 저널리즘을 공부하는 학생들을 가르치고 있었습니다. 예일대에서 인공지능을 전공했던 크리스 해먼드는 학생들에게 스포츠 경기 데이터를 가지고 기사를 작성할 수 있는 컴퓨터 프로그램을 만들어보라는 과제를 내줬죠. 학생들은 얼마 후 경기와 관련된 정보를 웹에서 실시간 수집한 다음 선수들에 관한 정보와 경기상황 등을 종합해 간단한 기사로 작성하는 소프트웨어를 만들었습니다. 바로 스태츠 몽키Stats Monkey라는 프로그램이었습니다. 스태츠 몽키는 각 대학의 야구경기 데이터를 가지고 자동으로 기사를 만들어내는 소프트웨어로 개발됐습니다. 이것이 내러티브 사이언스의 인공지능 플랫폼인 퀼의 모태가 됐습니다. 이듬해인 2010년 스튜어트 프랭켈은 스태츠 몽키의 무한한 가능성을 보고 크리스 해먼드와 함께 내러티브 사이언

스를 설립합니다. 그리고 자신이 CEO 자리에 오르죠. 그는 당시를
이렇게 회상합니다.

"노스웨스턴 대학교 저널리즘 학장이었던 분이 이 학교 컴퓨터과
학 분야 연구원들이 매우 놀라운 연구를 하고 있다면서 그들을 만나
달라고 제게 부탁했어요. 사업적인 조언을 해달라는 것이었죠. 지금
저와 함께 기술책임자로 일하고 있는 크리스 해먼드를 그때 만났습
니다. 우리는 1년 정도 매주 금요일 점심을 함께하면서 무엇을 준비
해야 하는지 논의했습니다. 그러던 어느 날, 그들이 당시 한창 개발
중이던 스태츠 몽키라는 걸 보여주더군요. 스태츠 몽키는 대학야구
의 박스 스코어[19]와 경기별 결과를 입력할 수 있는 프로그램이었어
요. 선수들의 경기결과와 정보를 넣으면 스태츠 몽키가 그 정보를 가
지고 자동으로 야구 기사를 만들어내는 방식이었죠. 그 기사는 마치
기자들이 직접 경기를 보고 쓴 것 같았습니다. 정말 놀라웠죠. 제가
그때까지 보았던 그 어떤 컴퓨터 프로그램보다 흥미로웠어요. 그 무
렵 크리스 해먼드에게 사업을 함께해보는 게 어떻겠느냐고 제안했
습니다. 그리고 2010년 내러티브 사이언스를 함께 창립했죠."

창업 후 6년여가 흘렀습니다. 그동안 내러티브 사이언스의 퀼이
인간의 언어로 글을 써내는 속도는 스태츠 몽키에 비해 상상할 수 없
을 정도로 발전했습니다. 퀼은 채 1초가 되지 않는 시간 안에 경제분

석 보고서 한 편을 써낼 수 있을 만큼 빨라졌습니다. 자판기에 동전을 넣듯, 데이터를 입력하자마자 보고서가 바로 생산되는 셈이죠. 퀼은 2014년 한 해 동안 300만 개가 넘는 리포트를 작성했습니다. 사람은 결코 할 수 없는 양이죠.

외국만의 이야기가 아닙니다. 2015년에 서울대학교의 이준환 교수 연구팀도 야구경기의 기사를 쓰는 프로그램을 선보인 바 있습니다. 기자의 눈으로 보아도 웬만한 수습기자보다는 나은, 흠잡을 데 없는 깔끔한 기사를 씁니다.[20]

만약 어느 스포츠 담당 기자가 야구경기에 관한 기사를 작성해야 한다고 생각해보죠. 그러려면 먼저 야구경기를 관람하거나 적어도 경기결과와 관련된 자료를 누군가로부터 넘겨받아야 합니다. 그리고 경기가 끝나면 기사를 작성하기 시작하겠죠. 아무리 노련한 기자라도 경기결과를 전하는 기사 하나를 쓰는 데 10여 분은 족히 걸릴 겁니다. 경기결과와 관련된 정보는 물론, 선수들이 활약한 내용이나 관객들의 반응 등을 종합해 서술해야 하기 때문이죠.

하지만 인공지능 플랫폼 퀼은 이런 기사를 1초 안에 작성할 수 있습니다. 정해져 있는 알고리즘에 따라 경기결과 및 선수들의 당일 퍼포먼스와 관련된 정보들이 입력되면 퀼이 자동으로 기사를 출력합니다. 사람은 퀼이 작동하는 범위와 만들어내는 글의 양을 따라갈 수 없습니다. 애초에 사람은 수천 개 혹은 수십만 개의 보고서를 쓴다는 것 자체가 불가능합니다.

매일 세계적으로 엄청난 양의 데이터가 생산되고 있습니다. 그리고 그 양은 기하급수적으로 증가하고 있습니다. 매일매일 우리가 붙들고 씨름해야 할 데이터가 엄청난 속도로 늘어나고 있습니다. 모든 사람에게는 정보가 필요합니다. 소비자든 비즈니스를 하는 기업이든 의사결정을 내리려면 반드시 정보가 있어야 하죠. 하지만 정보가 엄청나게 많아지다 보니 정말 필요하고 중요한 정보를 찾아내기란 갈수록 어려워지고 있습니다. 정보들을 모아서 표나 엑셀 같은 스프레드시트 혹은 그래프나 차트로 만들 수는 있지만 우리에게 필요한 것은 결국 이런 수치들이 의미하는 바가 무엇인지를 알아내는 것입니다. 수많은 정보들 속에 숨겨져 있는 흥미로운 '이야기'들을 파악하는 것이죠. 의외로 컴퓨터가 이런 일을 잘합니다.

"우리는 사실 컴퓨터의 능력 위에 인간적인 느낌을 하나 얹은 것뿐입니다. 사람들끼리 의사소통하는 것처럼 컴퓨터가 사람들과 자연스러운 방법으로 의사소통하게 만들었으니까요. 데이터를 분석해 이야기를 담은 글로 풀어내는 스토리텔링은 정말 효과적인 의사소통 방법입니다. 점점 더 효용성을 인정받게 되겠죠. 퀼이 이를 가능하게 할 겁니다."

크리스 해먼드의 말입니다. 그의 말대로 현재 퀼은 다양한 산업분야에서 효용성을 인정받고 있습니다. 그중에서도 글로벌 금융서비스 기업들이 주요 고객이죠. 퀼은 이들 기업에 월스트리트 증권사들의 증권정보를 분석한 투자정보 보고서를 작성해 제공하고 있습니다. 월스트리트의 투자분석 전문가가 작성한 것과 차이를 느끼기 어려운 품질을 자랑합니다.

퀼은 자산관리 기업들과도 일하고 있습니다. 자산관리 기업에서 일하는 전문가가 고객과 상담해야 하는 경우를 가정해보죠. 이 전문가에게는 해당 고객의 자산운용 상태를 미리 파악할 수 있는 문서가 필요합니다. 예전에는 자산관리 전문가나 분석 담당관이 직접 리포트를 작성했습니다. 며칠은 족히 걸리는 업무였죠. 하지만 지금은 퀼에 접속해 해당 고객에 관한 리포트를 다운받기만 하면 됩니다. 퀼은 고객이 원하는 목표와 비교해 그동안의 성과와 손실, 주식상태, 앞으로 해야 할 일들에 관한 조언들을 1초 만에 분석해 내놓습니다. 여기에는 해당 고객의 자산 및 투자정보 등을 모두 분석한 결과가 망라돼 있습니다.

이처럼 자산관리 전문가들이 하던 일을 퀼이 대신하고 있습니다. 자산관리 전문가들은 퀼이 작성한 보고서를 보고 고객에게 필요한 조언을 해주기만 하면 되죠.

"자산관리 전문가들은 데이터를 찾고 분석하고 의미를 이해하는 데 너무 많은 시간을 쏟고 있습니다. 하지만 이들이 정말 집중해야 할 일은 고객들의 투자결정을 돕는 것입니다. 고객들이 어떤 목표를 가져야 하는지, 또는 어떤 결정을 내려야 자산관리 목표에 도달할 수 있는지 알려주는 것이죠. 이제는 더 이상 자신이 직접 모든 데이터를 분석할 필요가 없어졌어요. 이들은 고객들에게 어떻게 정확한 정보를 제공하면서 조언해줄 수 있는지만 고민하면 됩니다."

프랭켈의 말대로, 기업들은 고객들이 원하는 것을 찾기 위해 데이터를 활용하고 분석하느라 엄청난 시간과 비용을 투자하고 있습니다. 데이터를 모으고 분석하는 일은 여전히 오랜 시간이 걸리고 사람의 손을 많이 필요로 하는 작업입니다. 퀼은 기업들의 이런 고민을 해결해주고 있습니다. 사람보다 훨씬 빠르고 비용 또한 낮은 방식으로 말이죠. 사람처럼 실수를 하지도 않습니다. 분석해야 할 정보가 많아질수록 실수할 가능성도 커질 수밖에 없는 사람과 달리, 컴퓨터는 데이터가 많이 입력될수록 오히려 더 정확한 분석결과를 내놓을 가능성이 높아집니다.

퀼이 적용되는 분야는 점점 넓어져 제조업, 유통업과 마케팅 분야의 기업들과도 일하고 있습니다. 오로지 인간만이 할 수 있었던 지식기반 비즈니스 영역에서 그 존재가치를 인정받은 셈입니다. 방대한 자료를 분석해 뉘앙스까지 담긴 인간의 언어로 써내려가는 기술의 출현은 이미 현실화된 지식자동화의 미래를 예고하고 있습니다. 더 많은 영역에서 인간을 대신해 일하는 기계들과 마주하게 될 미래죠.

투자처를 알려주는 알고리즘

퀼과 같은 인공지능 플랫폼의 출현이 의미하는 바는 무엇일까요? 바로 기계들이 인간만이 가졌던 지능의 일부를 활용해 특정 영역에서 사람이 해왔던 일들을 하기 시작했다는 겁니다. 문제는 기계들에게 일을 대신하게 한 사람들은 어떻게 되느냐는 겁니다. 퀼을 세상에 태어나게 한 크리스 해먼드는 퀼과 같은 인공지능이 앞으로 인간을 돕는 파트너가 될 것이라고 낙관하고 있습니다.

"퀼과 같은 기술이 앞으로 더 많이 사람들의 수고를 대신해줄 거라고 봅니다. 사람들은 대신 기술이 할 수 없는 일을 하는 데 집중하게 되겠죠. 사람이 더 나은 일을 할 수 있다는 의미입니다. 제가 만약 금융 분야의 컨설턴트이거나 분석가라면 사나흘 동안 데이터를 들여다보고 분석해서 보고서를 작성하기는 싫을 것 같아요. 그 일을 한다고 더 똑똑해지는 것도 아니고요. 이런 상황에서 이 일을 대신해줄 수 있는 기계가 결과값을 산출해 정밀한 분석보고서를 내놓는다면 저는 훨씬 나은 분석과 전략을 제시할 수 있을 겁니다. 사람이 훨씬 똑똑해지는 것이죠. 다시 말씀드리지만 저희가 만들고 있는 것은 단순한 도구가 아니라 '파트너'입니다. 사람들을 돕는 파트너가 더 많아지는 셈이죠."

크리스 해먼드의 말처럼 퀼과 같은 인공지능은 점점 더 다양한 영역에서 사람들을 돕고 있습니다. 켄쇼 테크놀로지Kensho Technologies도 이런 회사들 가운데 하나입니다. 2013년에 설립된 켄쇼 테크놀로지는 기업들의 실적과 주가의 움직임 그리고 경제수치 등을 '워런Warren'이라 불리는 클라우드 기반의 컴퓨터 지식엔진Computational Knowledge Engine으로 실시간 분석해 투자자들이 궁금해하는 모든 질문에 답해주는 스타트업입니다.

워런을 활용하는 방법은 매우 간단합니다. 구글에 궁금한 것을 검색할 때처럼 검색상자 안에 질문을 넣기만 하면 됩니다.

'애플이 신제품 아이폰7 판매에 돌입하면 애플의 협력사 중 어떤 업체의 주가가 오를까?' 혹은 '석유 거래가격이 45달러 아래로 떨어지고 달러화가 강세를 보이면 사우디아라비아 같은 산유국들의 통화는 어떻게 되지?' '삼성이 다음 분기에 얼마나 많은 휴대폰을 판매할까?' 등의 질문을 검색상자에 넣기만 하면 워런이 즉각 관련 정보를 내놓습니다.

워런은 투자자들이 궁금해하는 이 같은 6500만 개의 질문에 실시간으로 답할 수 있습니다. 시시각각 변하는 세계 통화정책의 변화와 흐름, 돌발적으로 일어나는 각 나라의 정치경제적 사건들이 투자자와 금융시장에 미칠 파장을 빠르게 분석해 답을 내놓는 겁니다.

문제는 금융시장이 인간이 예측한 대로 움직이지 않는다는 사실입니다. 태풍이 오거나 생산공장이 이전한다든지 어떤 나라에 갑작스런 정치적 변화가 생긴다든지 하는 일들이 빈번하게 일어나 시장을 흔들어놓기 일쑤죠. 정부가 투자자들에게 호의적인 정책을 내놓아도 투자자들이 마음을 바꾼다거나 거품이 일시에 꺼져 세계시장 전체가 요동치는 경우도 흔하게 일어나니까요. 이런 돌발변수 때문에 사람의 예측도 번번이 빗나가는데, 인공지능의 예측이라고 정확할까요?

인간이 따라잡을 수 없는 워런의 장점은 '속도'입니다. 워런의 가치는 시시각각 변하는 금융시장의 상황을 수많은 관련 정보들을 활용해 누구나 쉽고 빠르게 파악할 수 있도록 했다는 데 있습니다. 투자자들이 금융전문가나 애널리스트들에게 물어보지 않고도 쉽게 '애플의 다음 제품이 언제 출시될지, 애플의 주식을 사거나 팔기 좋은 시점이 언제인지' 알 수 있게 되었다는 뜻이죠. 물론 워런이 개발되기 이전에도 이런 일은 가능했습니다. 하지만 그러기 위해서는 금융분야에 상당한 지식을 쌓아야 하고 각종 정보들을 모아 통계 모델링 등을 통해 분석하는 방법을 알아야 했습니다. 또 이와 관련한 능력이 있다 하더라도 분석한 결과물들이 갖는 의미를 파악하는 데 상당한 시간이 필요했죠.

워런은 이런 일을 '몇 초'로 줄였습니다. 그리고 더 쉽게 할 수 있는 길을 열었죠. 일반인들이 전문가의 영역에 들어올 수 있도록 워런

이 자연어처리 방식의 플랫폼으로 설계된 것은 그래서 의미가 있습니다.

해외뿐 아니라 국내 금융업계에도 인공지능이 투자 어드바이스를 하는 '로봇 PB Private Banking' 시스템이 도입되고 있습니다. 이들 로봇 PB는 투자자의 질문을 통해 투자자의 성향과 특성을 파악한 다음, 투자금액과 목표수익률에 맞춰 포트폴리오를 짜줍니다. 그런 다음 시장 상황에 따라 포트폴리오를 알아서 조정해주는 사후관리까지 책임집니다. 흔히들 PB는 일부 고소득자들만이 이용할 수 있는 서비스라고 인식하는데, 인공지능을 활용한 서비스는 수수료가 저렴해 소액 투자자들도 부담 없이 이용할 수 있다는 장점 때문에 전 세계적으로 급속히 확산되는 추세입니다.[21]

정신노동과 지식노동을 하는 기계

워런 같은 기술의 출현은 금융시장의 작동방식에 작지 않은 변화가 불가피함을 예고하고 있습니다. 새로운 펀드에 투자하려는 투자자에게 예전보다 훨씬 객관적이고 냉철하게 정확한 답을 제시할 수 있기 때문입니다.

기술의 발전으로 이제 언제 어디서든 전문가들만이 내놓을 수 있었던 정보와 결과물을 얻을 수 있는 시대가 됐습니다. 펀드매니저나 자산관리사, 재무설계사, 투자자문회사에서 일하는 많은 전문가들이 내러티브 사이언스의 퀼이나 켄쇼 테크놀로지의 워런과 경쟁해야 하는 상황에 직면한 것이죠.

현재 전 세계에 이들 분야에서 일하는 사람들은 셀 수 없을 만큼 많습니다. 방대한 데이터를 축적해 정교한 알고리즘을 분석하는 수준을 넘어 기계 스스로 학습해 더 나은 결과물을 제시하는 기술이 속속 등장하고 있고, 이런 기술을 활용하는 스타트업들이 갈수록 많아지는 현상이 이 일을 직업으로 삼아왔던 사람들에게 어떤 영향을 미치게 될지 가늠하는 것은 어렵지 않습니다.

전통산업에 종사하는 기존의 기업들 또한 위기감을 드러내고 있습니다. 글로벌 기술컨설팅 업체 캡제미니Capemini&EMC가 세계 10개국의 기업 임원 1000명을 대상으로 조사한 결과, 64%가 빅 데이터 기술의 도입으로 전통의 사업영역이 무너지고 있다고 답했습니다. 53%는 IT기술과 데이터를 기반으로 한 스타트업들이 자신을 위협하고 있다고도 했고요. 빅 데이터를 도입하지 않으면 자신의 기업이 경쟁력을 잃을 것이라는 데 과반수가 공감했습니다.[22]

하지만 켄쇼 테크놀로지에서 전략과 경영을 담당하고 있는 애덤 브라운Adam Brown은 일반인들의 예상과는 다소 다른 전망을 내놓았습니다.

"지금 이 순간에도 월스트리트에서는 수많은 금융업계 종사자들이 각종 자료와 데이터를 분석하고 있어요. 워런은 그들이 하고 있는 일들을 상당 부분 대신 해줄 겁니다. 그들의 업무를 자동화해주는 것이죠. 그 대신 사람들은 이제 더 중요한 다른 문제를 고민할 수 있게 되었습니다. 사람들은 더 효율적이고 생산적으로 일할 수 있게 되었죠. 일자리를 잃는 경우도 실제로 일어날 수 있다고 봅니다. 새로운 기술은 역사적으로도 언제나 사람들의 삶과 일하는 방식을 바꾸어 놓았으니까요. 산업혁명 시기에도 그랬고 지금도 일어나고 있는 일입니다. 앞으로도 계속되겠죠. 그러나 기술발전 덕분에 예전에는 사람들이 미처 생각할 수 없었던 직업들이 만들어진 것도 사실입니다. 지금으로서는 이 일을 해왔던 사람들의 일자리가 사라질 것인지 확답하기 어렵습니다. 하지만 매우 중요하고 흥미로운 질문인 것만은 분명합니다. '이번에는 다를까?'라는 의문이 머릿속에서 계속 맴도니까요."

애덤 브라운의 말처럼 퀼이나 워런과 같은 전에 없던 기술의 탄생이 어떤 결과를 불러올지 단언하기는 아직 어렵습니다. 하지만 오늘날의 변화가 산업혁명 당시와 다르지 않으리라는 예상은 다소 낙관적인 발상 아닌가 싶습니다. 오늘날의 기술발전은 산업혁명 이후 기계가 인간의 육체노동을 지속적으로 대체해왔던 것과는 차원이 다른 변화를 이끌고 있기 때문입니다. 인간의 육체노동을 넘어 정신노동과 지식노동을 대체하고 있으니까요.

생각해보세요. 불과 10여 년 전만 해도 펀드매니저 같은 금융인들은 대학 졸업생들이 가장 선망하는 직업이었습니다. 억대 연봉에 부러워하는 시선까지 더해지면서 많은 취업준비생들이 꿈꾸었던 직업이었죠. 은행도 마찬가지였습니다. 은행원 역시 고수익 지식노동을 대표하는 화이트칼라 중 하나였습니다. 전국의 대학에 금융 및 경영 관련 학과들이 경쟁적으로 신설된 것도 이들 업종의 부상과 맞물려 있습니다.

지금도 이들 학과에서는 미래의 금융인들을 양성하고 있습니다. 금융가에서도 능력 있는 인재들이 자신들의 역량을 발휘하고 있고요. 하지만 이들 분야에서 인간의 합리적인 의사결정 능력에 대한 회의가 일기 시작했습니다. 2008년 금융위기가 결정적 계기였죠. 이와 함께 인간 특유의 편견이나 감정에서 자유로운 기술들이 속속 출현하면서 증권이나 금융분야는 그 어떤 산업보다 빠른 속도로 빅 데이터나 알고리즘에 기반한 미래기술에 의해 대체되고 있습니다.

나아가 인터넷뱅킹은 인터넷은행으로 한 걸음 더 진화하고 있습니다. 한국에서도 인터넷은행의 시대가 열렸습니다. 기존의 은행조직을 그대로 둔 채 인터넷 금융서비스를 제공하는 것이 인터넷뱅킹이라면, 인터넷은행은 아예 은행지점을 필요로 하지 않는다는 점에서 근본적 차이가 있습니다. 계좌를 개설할 때에도 은행을 방문할 필요가 없습니다. 화상통화나 지문인식, 공인인증서 등을 통해 본인여부를 확인할 수 있게 됐기 때문입니다. 입출금이나 대출심사 역시 은행을 방문하지 않고도 가능해졌죠.

인터넷은행의 출현은 본인인증 등 은행의 주요업무를 인터넷과 모바일로 안전하게 처리할 수 있는 기술의 발전 때문에 가능했습니다. 덕분에 은행은 고객들이 점포를 방문해야 하는 불편을 없애고 고객에 관한 각종 빅 데이터를 활용해 대출심사 과정을 더욱 정교화할 수 있게 되었습니다. 무엇보다 은행지점을 운영하는 데 소요되는 인건비 등 막대한 비용을 줄일 수 있게 됐죠. 이렇게 줄인 비용은 고객 확보를 위해 예금 금리를 높이거나 대출 금리를 낮추는 데 쓸 수 있을 겁니다. 은행 고객들 입장에서는 더 나은 서비스를 받을 수 있게 된 셈이죠.

현재 고객이 지점을 직접 찾아가 은행업무를 보는 비중은 전체 은행거래의 10%밖에 되지 않습니다. 반면 인터넷뱅킹이나 모바일뱅킹처럼 은행을 찾지 않고 거래하는 비중은 계속해서 증가하고 있죠. 2014년 한 해 동안 국내에서만 270개의 은행지점이 문을 닫았습니다. 2015년에도 165개의 지점이 사라졌죠. 증권 혹은 금융분야에서 들려오는 구조조정이나 인원 감축, 통폐합 관련 뉴스들이 더 이상 새롭지 않습니다. 벌써 수년 전부터 많은 사람들이 이 분야에서 일자리를 잃고 있으니까요.

　앞으로 이들 분야에서는 인간을 넘어서는 정교한 분석과 판단을 위한 기술개발과 투자가 더욱 많아질 겁니다. 규칙적이고 반복적인 업무들을 기계와 기술을 활용해 효율화하려는 시도 또한 끊임없이 계속되겠죠. 알고리즘과 인공지능이 이들 분야에서 인간을 능가하는 역량을 발휘하고 있으니까요. 은행원처럼 한때 각광받았던 직업들이 일자리를 잃을 위험에 직면한 것은 오래전부터 예견된 일이었습니다. 문제는 예상했던 것보다 현실화되는 속도가 빨라지고 있다는 점입니다. 다행히 일자리를 유지하는 사람들 또한 기술이 변화시키는 새로운 환경에 맞는 새로운 능력과 역량들을 요구받게 될 겁니다. 새롭게 출현하는 기술들을 활용해 기존에 존재하지 않던 새로운 비즈니스와 서비스를 창출할 역량을 갖추지 않는 한 일자리를 지키기 쉽지 않은 세상이 되었습니다.

　앞서 보았던 켄쇼 테크놀로지는 50명 안팎의 직원으로 출발해 월스트리트에 돌풍을 일으키고 있습니다. 35만~50만 달러의 연봉을 받는 전문 애널리스트들이 40시간 동안 해야 했던 일을 몇 분 안에 해낼 수 있는 기술이 있기 때문입니다. 2006~10년 동안 골드만삭스에서 전자주식거래 업무를 담당했던 폴 초우Paul Chou는 켄쇼의 워런 같은 인공지능 플랫폼들이 기존 골드만삭스 직원 10명이 해오던 일을 한 명이 할 수 있도록 해주었다고 말했습니다. 하지만 이런 프로

그램들이 일자리를 없애는 속도만큼 새로운 일자리들을 만들어내지는 못하고 있다고도 덧붙였죠.[23]

켄쇼 테크놀로지는 이제 골드만삭스와 같은 세계적인 기업들과 계약을 성사시키면서 수백만 달러의 가치를 지닌 회사로 성장했습니다. 창업자 대니얼 네이들러Daniel Nadler 역시 백만장자 반열에 올라섰고요. 그의 말을 통해 미래의 일자리에 어떤 변화가 일어날지 가늠해볼 수 있습니다.

"우리와 같은 기업들이 새로운 기술 분야에서 높은 연봉을 받는 고부가가치 일자리를 만들어내는 건 사실입니다. 하지만 우리가 매우 높은 연봉을 받는 소수의 일자리를 새로 만들어내는 동안 지금까지 상당히 높은 연봉을 받아왔던 수많은 사람들의 일자리가 사라진 것 또한 부정할 수 없는 사실입니다."

대니얼 네이들러의 말에는 자신들이 보유한 것과 같은 신기술을 다룰 수 있는 인재들이 그동안 높은 연봉을 받아왔던 안정된 직업의 인재들을 빠르게 대체하고 있다는 의미가 함축돼 있습니다. 그리고 변화를 주도하는 인재는 소수라는 뜻도 함께 내포하고 있죠.

한국에서도 언제 이런 일이 일어날지 장담하기는 어렵습니다. 하지만 전에 없던 기술을 만들어내고 이를 활용해 새로운 가치를 창출해낼 수 있는 인재들의 수요는 앞으로도 계속 늘어날 수밖에 없을 겁니다. 우리가 원하든 원하지 않든 알고리즘과 머신러닝에 기반한 인공지능을 개발하고 활용하려는 인간의 노력은 앞으로 더 빠르게 진행될 것이 분명하기 때문입니다.

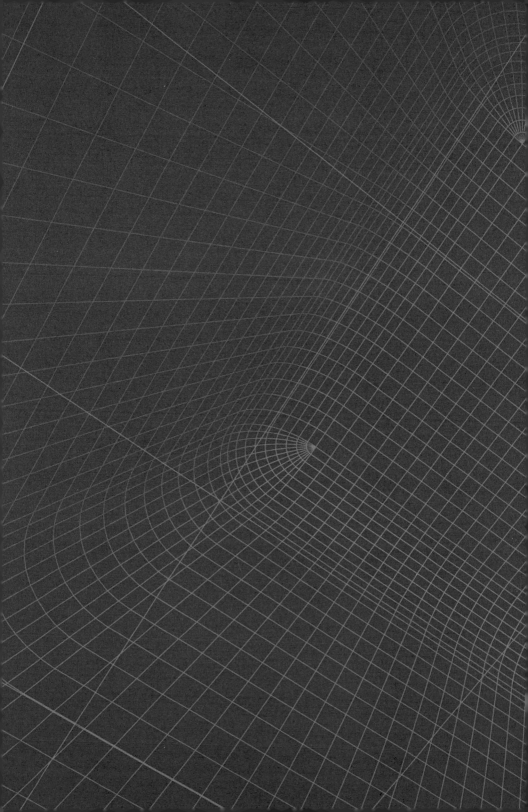

PART THREE

모든 것을 기계에 빼앗기기 전에

기계의 일,
경계는 없다

CHAPTER 1

"도쿄에서 오신 건가요?"

"응."

"먼 곳에서 미에 현까지 오시느라 수고하셨어요. 그럼 슈퍼로봇인 제가 당신을 차분히 관찰하겠습니다."

"네."

"저의 얼굴을 천천히 보면서 지금의 기분을 얼굴에 표현해주세요. 진단 중~ 진단 중~!

보이기 시작했어요. 27세 남성, 무표정한 당신에게 추천하고 싶은 관광명소는 이곳입니다. 미에 현이 자랑스럽게 생각하는 관광명소! 하나노이와야 신사입니다. 무표정하고 신비한 당신은 미스테리하고 신비로운 신사에서 정신적인 힘을 얻어봐요! 그리고 관광을 즐기고 난 후에 정말 좋아하는 전복을 먹을 수 있다면 최고죠!"

"정말 최고네."

일본 미에 현의 관광안내소에서 일하는 로봇 페퍼와 관광객의 대화 내용입니다. 로봇을 신기해하는 관광객들에게 "어디 가고 싶은가 요?"라고 말을 걸고, 관광상품을 안내하고, 춤을 추어 즐겁게 해주는 것이 페퍼의 역할입니다. 어디 가고 싶은지에 대한 대답은 사람마다 다를 겁니다. 이들에게 최적의 제안을 하기 위해 페퍼는 "저도 미에 현에 대해 공부하고 있어요"라고 말합니다. 페퍼가 하는 공부란, 물 론 사람들이 하는 말을 저장하고 분석하는 것이죠. 페퍼가 부지런히 공부하는 덕분에 관광객들은 유용한 정보를 얻고, 로봇과의 대화라 는 독특한 경험을 할 수 있습니다.

관광지의 명물 말고도 우리 생활에 들어온 알고리즘은 이미 많습 니다. 한 번 볼까요?

아침에 일어나 출근준비를 합니다. 미세먼지 예보가 있는지 혹은 우산을 챙겨야 하는지 스마트폰의 날씨 앱을 통해 확인하죠. 일기예 보를 보기 위해 예전처럼 TV를 켜는 경우는 많이 줄었습니다. 옷을 챙겨 입고 집을 나서면서부터는 길이 막히는지 확인하기 위해 지도 앱을 열어 실시간 교통정보를 확인합니다. 너무 막히면 다른 길로 안 내하는 내비게이션의 도움을 얻습니다. 대중교통을 이용하는 날에 는 버스나 지하철이 몇 분 후에 정거장에 도착하는지 확인하며 걷는 속도를 조절하기도 하죠. 걷는 동안 간밤에 일어난 주요 뉴스를 포털 서비스나 뉴스 앱에서 확인합니다.

버스나 지하철로 이동하는 동안에는 이어폰을 꽂은 채 라디오 뉴스나 음악을 듣거나 잠을 청합니다. 회사에 출근한 뒤에는 어떨까요? PC와 스마트폰에서 업무 앱을 열어 필요한 정보를 확인하고 업무를 처리합니다. 업무에 필요한 정보들을 카카오톡 같은 메신저를 통해 동료와 주고받기도 합니다.

점심식사는 인터넷이나 맛집 앱이 추천하는 식당에서 회사 동료나 지인들과 먹습니다. 점심을 먹은 뒤 공원을 산책하면서 마주하게 되는 풍경들은 스마트폰을 꺼내 사진으로 찍어놓기도 하죠. 갑자기 비가 내려 택시를 타야 할 경우에는 카카오택시를 부릅니다. 스마트폰 앱을 열어 호출버튼을 누르면 주변에 있는 택시가 2~3분 안에 도착하는 데다 택시가 어디쯤 오는지 화면을 보며 확인할 수 있으니 택시를 잡느라 밖에 나가 비를 맞으며 고생할 필요도 없습니다.

퇴근 후 집에 돌아와서는 하루 동안 일어났던 일들 가운데 뉴스 앱이 추천한 뉴스들을 빠르게 확인하거나 바빠서 보지 못했던 영화나 드라마를 방송사 앱을 통해 시청하기도 합니다. 그사이 구글 포토앱은 낮에 공원에서 찍어두었던 사진들을 음악까지 곁들여 동영상으로 편집해놨습니다. 잠자리에 들어서는 좋아하는 음악을 모아놓은 앱을 열어 음악을 들으며 잠을 청합니다.

어떤가요? 우리가 깨닫거나 의식하지 못할 뿐 우리의 생활은 이처럼 알고리즘에 크게 의존하고 있습니다. 대부분은 10년 전만 해도 존재하지 않았던 기술과 서비스들입니다.

해외여행이나 출장을 가기 위해 항공편을 예약하거나 외국에 있는 호텔을 예약하려면 여행사나 현지에 있는 지인에게 부탁해야 했던 때가 불과 몇 년 전 일입니다. 지금은 일일이 셀 수조차 없을 만큼 많은 앱이 이런 일들을 대신해주고 있습니다. 무료 혹은 적은 비용으로 말이죠. 구글이나 부킹닷컴Booking.com, 익스피디아Expedia 같은 서비스에 들어가 출발지와 목적지만 입력하고 항공편을 검색하면 원하는 출발날짜와 시간, 요금, 항공사 서비스 등을 마음대로 정할 수 있습니다. 지구 반대편에 있는 호텔 역시 사람의 도움을 전혀 받지 않고도 예약할 수 있게 됐죠.

이 모두가 사람이 해왔던 일들입니다. 앱을 통해 실행되는 예약 시스템은 원래 여행사 직원들이 여행객이나 출장 가는 고객들을 위해 대신 해주던 일이었습니다. 여전히 이런 일을 직업으로 하는 사람들이 많지만 고객들이 직접 호텔이나 항공편을 예약할 수 있는 간편한 서비스들이 출현하면서 이들에 대한 일자리 수요는 감소하고 있는 것 또한 사실입니다. 스마트폰이나 PC에서 손쉽게 실행할 수 있는 알고리즘이 많아질수록 일자리는 줄어듭니다. 반면 이런 서비스나 기술들을 새로 만들거나 활용해 고객들에게 더 큰 편의를 제공하는 인재들에 대한 수요는 시간이 갈수록 늘어나고 있습니다.

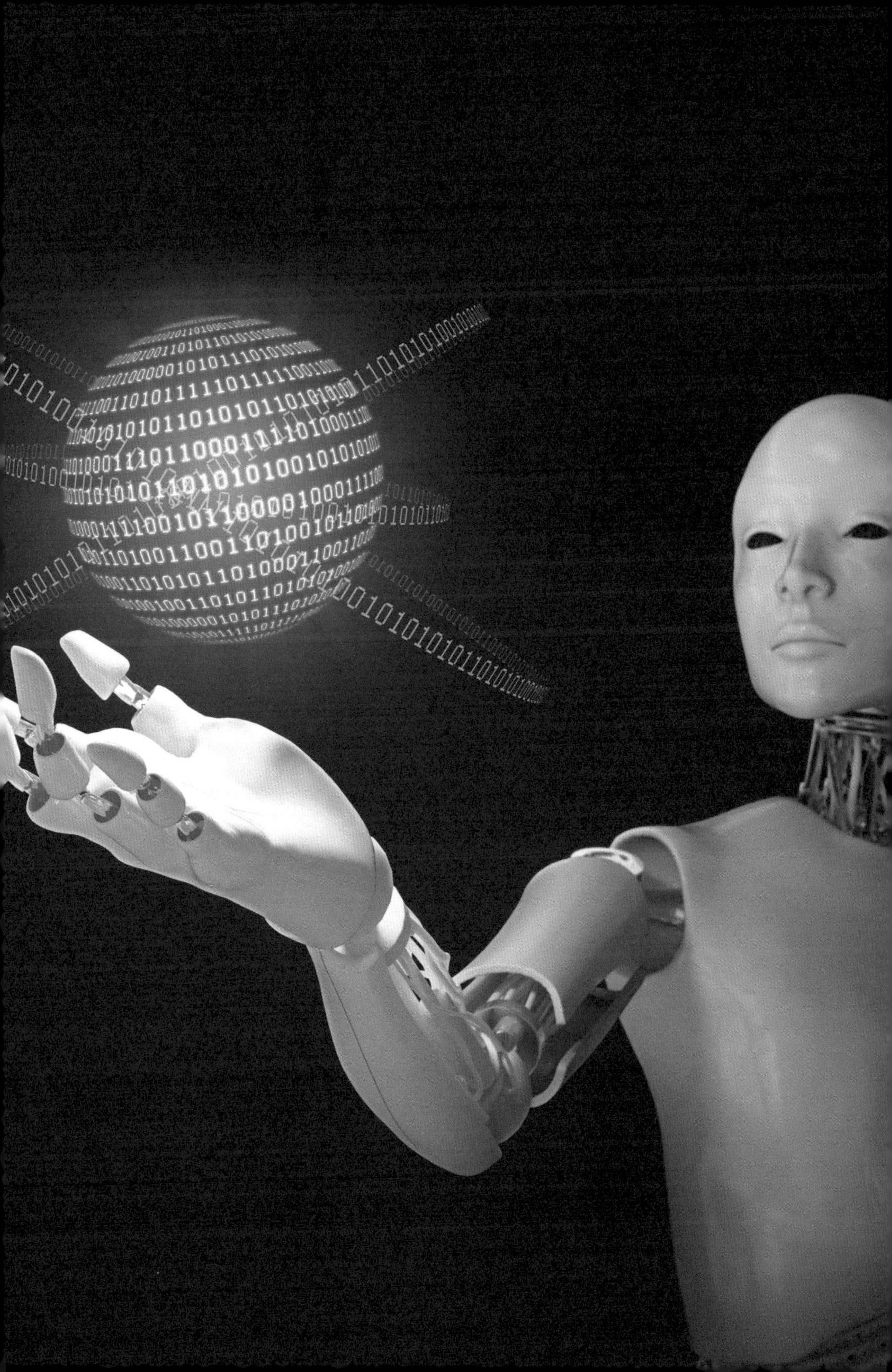

주유소에서 기름을 넣을 때에도 공항에서 탑승권을 받을 때에도 사람 대신 기계와 대화하는 경우가 많아지고 있습니다. 애인이나 배우자를 선택할 때에도, 함께 볼 영화를 고민할 때에도 알고리즘이 해결해줍니다. 일상이 알고리즘에 둘러싸여 있다 해도 과언이 아닌 세상으로 변하고 있습니다. 우리가 생활하는 거의 모든 분야에서 자동화가 이루어지고 있습니다.

흔히 로봇이나 인공지능에 관한 이야기를 하면 첨단산업이나 공장에서의 일로 생각하기 쉽지만, 이미 우리 생활 깊숙이 들어온 변화상입니다. 많은 이들의 손목에는 스마트워치가 채워져 있습니다. 이것이 하는 일이 얼마나 많은가요. 또한 스마트폰의 앱에는 그동안 전문가의 도움 없이는 하지 못했던 많은 것들을 해주는 기능이 탑재돼 있습니다. 가장 변화가 활발한 분야 중 하나는 'm-health'라 불리는 건강관리 앱입니다. 하루에 몇 걸음을 걸었는지, 수면패턴은 어떤지를 알려주는 기능은 이미 새로울 것이 없습니다. 지금은 자세와 걸음걸이, 식습관, 운동량 등을 체크해서 충고하는 것은 물론, 만나지 말아야 할 사람을 조언해주는 기능까지 하고 있습니다. 'Pplkpr(피플키퍼)'는 피트니스 전용 단말기나 스마트워치를 착용한 상태에서 심박수를 체크했다가 특정인을 만났을 때 심장박동이 달라지는지를 파악합니다. 누군가를 만난 후 불쾌한 감정이 들었는지 점검해서 그 사람을 계속 만날지 말지 조언해주는 것입니다.

어떤가요, 우리가 인공지능에 기대했던 것을 뛰어넘는 '감성적'인 영역에서도 인공지능의 활약은 이어지고 있습니다. 사려 깊은 지인이 해줄 법한 조언, 해당 분야의 전문가가 내릴 법한 해법을 손목에 찬 작은 기계가 대신해주고 있는 세상입니다.[24]

로봇을 쓸까,
인간을 쓸까

CHAPTER **2**

1970년대에 현재 인공지능의 핵심기술 중 하나인 자연어처리를 연구한 바 있는 스탠퍼드 대학의 제리 캐플런Jerry Kaplan 교수는 이세돌과 알파고의 대결에서 고민없이 알파고의 승리를 점쳤습니다. 그 것은 마치 산업혁명 때 자동차가 말을 제쳤던 것처럼 당연하다는 논리입니다. 그런데 이 대목에서 그는 재미있는 말을 합니다. 그렇다고 자동차나 알파고가 사람보다 지적 능력이 뛰어나거나 똑똑하다고 말할 수는 없다는 것이죠. 그럼에도 인공지능이 인간의 일자리를 대체하는 것은 시간문제라고 보았습니다. 조선일보 〈위클리비즈〉와의 인터뷰에서 그는 이렇게 말합니다.

"로봇이 숙련된 노동자들을 몰아내고 교육받은 사람들의 일을 대신하게 될 것입니다. 혁신이 거듭되면서 단순히 노동자들의 일자리를 대체하는 데 그치지 않고 직종 자체를 소멸시킬 수도 있습니다."[25]

예를 들어볼까요? 영국의 스타트업 지테크G-TECH는 인공지능 작곡 시스템을 구축하는 회사입니다. 의뢰인이 작곡을 요청하면 그에 맞는 음악을 만들어주는 것이죠.

이미 인터넷의 음악 라이브러리를 통해 수많은 음악을 사용할 수 있는데, 인공지능 작곡 서비스가 군이 필요할까 의문이 들었습니다. 이에 대해 지테크의 공동설립자 패트릭 스토브스Patrick Stobbs는 이렇게 대답했습니다.

"맞습니다. 기존의 뛰어난 음악 라이브러리가 이미 있죠. 그러나 거기에는 한계가 있습니다. 우선 라이브러리에 있는 음악들은 사전 녹음되었기 때문에 정적입니다. 새로운 콘텐츠로 적용할 수 없죠. 예를 들어 22초짜리 영상이 있는 경우 라이브러리에서 3분 길이의 음악을 가져다가 22초에 맞춰 잘라야 합니다. 저희 기술로는 그 자리에서 바로 작곡이 가능하죠. 22초 길이의, 콘텐츠에 완벽히 들어맞으며, 적당한 클라이맥스를 지닌 곡을 말입니다. 5년 혹은 5개월 전에 만들어진 음악보다는 저희 음악이 콘텐츠에 더 잘 어울리겠죠."

이들의 작곡 서비스를 이용하면 저렴한 비용으로, 콘텐츠에 부합하는 독특한 음악을 주문 제작할 수 있습니다. 물론 저작권 문제도 걱정할 필요가 없고요. 아, 기다릴 필요가 없다는 것도 언급해야겠네요. 5분 길이의 음악을 MP3 파일 형태로 내놓는 데 20초 정도밖에 걸리지 않으니까요. 지금은 '43초짜리 빠르고 경쾌한 포크음악' 등 구체적인 주문을 해야 작곡이 가능하지만 앞으로는 영상과 게임 등 콘텐츠를 분석해 어울리는 곡을 자동으로 작곡하는 수준을 목표로 하고 있다고 합니다. 사용자들에게 매우 편리한 수단이 되겠죠. 그러나 오랜 시간 음악을 공부해온 작곡가들에게는 재앙이 될 수도 있습니다.

로봇기술의 발달을 보는 사람들의 시선은 복잡합니다. 가장 걱정인 것은 물론 '로봇이 우리의 일자리를 빼앗아갈 것인가'입니다. 인간을 닮은, 나아가 인간을 뛰어넘는 지능을 개발하고자 수십 년간 공학도들이 노력하는 내내 고민해온 문제이기도 합니다. 그러던 것이 현재의 임계점을 맞아 폭발적으로 이야기되고 있습니다. 과연 우리의 일자리는 무사할까요? 다음 세대는 어떤 직업을 찾아야 할까요?

로봇기술이 인간의 일자리를 대체할 것인가에 대해서는 크게 비관론과 낙관론 그리고 현실론이 맞서고 있습니다. 비관론은 우리가 걱정하는 그대로입니다. 제레미 러프킨Jeremy Rifkin이 20세기 말에 '노동의 종말'이란 화두로 예고한 바대로, 인공지능의 발달로 결국 노동 없는 세상이 펼쳐질 것이라는 주장입니다.

이와 반대로 낙관론은 로봇과 인공지능의 발전이 고용과 경제발전에 기여할 것이라는 의견입니다. 대개 주류 경제학자와 미래학자들이 이런 의견을 취하죠. 로봇이 인간의 노동을 대체하지만, 그만큼 새로운 일자리가 창출될 수 있다는 의견입니다. 미군에서 사용하는 군사용 드론을 예로 들 수 있습니다. 군사용 드론은 전투조종사의 일자리를 대체하지만, 후방에서 드론을 관리하는 새로운 직종을 만들어냈죠. 또한 드론이 촬영해온 엄청난 양의 시각정보를 분석하는 인력도 필요해졌습니다. 이런 식으로 새로운 기술에 걸맞은 새로운 일자리가 만들어지리라는 것이 낙관론자의 주장입니다.

비관론과 낙관론 모두 현재의 기술발달이 계속되리라는 것을 전제로 합니다. 반면 현실론은 기술발전에는 아직도 많은 시간이 필요하며, 비즈니스 현장에 도입하기까지 넘어야 할 장벽이 많다는 입장입니다. 앞부분에서 언급한 로봇공학자 한스 모라벡이 말한 '모라벡의 역설'이 이를 대변합니다. 현실론자 가운데는 모라벡처럼 관련 분야 전문가들이 상당수 있습니다. 인공지능이 체스를 두기까지 40년의 시간이 걸렸다는 것이 이를 보여주는 좋은 예입니다.

그러나 체스보다 훨씬 복잡하다는 바둑에서 인공지능이 인간 챔피언을 이긴 만큼, 인공지능의 발전속도는 예의주시해야 할 것입니다. 무엇보다 눈여겨보아야 할 것은 어떤 입장을 취하든 인공지능이 일정 수준에 오르면 현재의 일자리 가운데 상당수가 로봇에 대체될 것이라는 데에는 이견이 없다는 점입니다.

기술에 의해 일자리가 줄어든 것은 어제오늘의 일이 아닙니다. 러다이트 운동이 일어났던 산업혁명 이래 주기적으로 계속되어온 현상이죠. 다만 우리가 주목해야 할 것은, 지금 일어나는 변화가 특정 산업에 국한하지 않고 일상적으로 일어나는 물리적 노동까지 대체

한다는 것입니다. 다음소프트의 송길영 부사장은 이 흐름을 다음과 같이 설명합니다.

"예를 들어 지금 구글이 만들고 있는 자율주행차 같은 경우 운전사가 없어지는 거잖아요. 그럼 미국만 하더라도 운전을 직업으로 하는 사람들이 수백만 명이나 되는데 그들은 어떻게 할 것인지. 그쯤 되면 소수의 전문적인 업무가 아니라 우리의 일상적인 업무들이 대체될 수 있다는 것이거든요. 이 현상이 심각한 이유는 첫 번째, 파급효과가 크다는 거예요. 많은 인원이 종사하는 직업이기 때문에 실업자의 총량이 많아진다는 것. 두 번째는 대안이 없다는 거죠. 기술실업이 무서운 이유는, 기술수준이 올라간 만큼 그 수준에 적응하지 못한 사람들이 누락되기 때문이에요. 이들에게는 두 번째 기회가 없어요. 10년 넘게 이 일만 했기 때문에 다른 일을 할 수가 없다는 거죠. 지식인이라면 일을 빼앗겨도 다른 형태의 창의적인 일을 하기 위해 노력하겠죠. 하지만 일반 노동자의 직업이라면 대안이 없어지니까 사회적으로 불안한 구조가 만들어질 수 있어요.

자동화되면 좋으니까 그만큼 우리 사회를 위해서 좋은 것 아니냐고 생각하는데, 자동화의 당사자가 되는 순간 얘기가 달라집니다. 더욱이 30년간 무사고였던 택시 운전기사라면 자부심도 대단하잖아요. 그 사람에게는 미래가 사라지는 거예요. 그때의 상실감이나 사회적 불안감 상승은 이루 말할 수 없을 겁니다."

〈더퓨처리스트The Futurist〉 편집자이자 미래학자인 토머스 프레이 Tomas Frey는 "2030년까지 20억 개의 일자리가 없어지고 '포춘 500대 기업' 가운데 절반은 문을 닫을 것"이라고 예측했습니다. 일자리 20억 개는 세계 일자리의 절반에 해당하는 수치입니다. 20억 명이 일자리를 잃는다는 뜻이기도 하죠. 그 원인으로 프레이는 로봇기술의 발달을 지목했습니다. 그는 "2030년이 되면 미국인들은 드론으로 일주일에 평균 4.5개의 물품을 배송 받고, 40%는 자율주행차로 여행하고 3D 프린터로 음식을 만들어 먹을 것"이라고도 내다봤습니다. 어떤가요? 10년 남짓 후의 이야기라는데, 믿겨지는지요?[26]

그런가 하면 〈워싱턴포스트〉는 2013년에 로봇이 대체할 직종을 소개한 바 있습니다. 물류 인력은 키바 같은 로봇에 이미 대체되고 있죠. 맥도날드에서 보듯 햄버거 패티 뒤집는 정도의 단순조리 인력도 로봇에 대체될 것이고, 유통 전반에 IT 자동화가 진행돼 매장 관리자나 의류 판매자도 사라질 것이라 내다보았습니다. PC와 로봇이 협업하는 농장이 등장하면서 농장설비 관리자도 위태로워질 것이라 했고요.

폭스콘 노동자들도 같은 신세입니다. 잦은 파업과 임금상승 요구에 부딪힌 폭스콘은 100만 대의 로봇설비를 들이기에 이르렀습니다. 낮은 수준의 연구활동을 하는 연구자들도 위험하다고 합니다. 혈

액샘플을 분류하고 색인하는 정도는 로봇이 할 수 있기 때문입니다. 앞에서 살펴본 대로 트럭 운전사도 자율주행차의 위협을 받고 있죠. 트럭뿐 아니라 택시, 리무진, 버스, 렌트카 운전사가 함께 사라집니다. 교통경찰, 주차장 관리인, 대리운전자도 사라지겠죠.

어떤가요? 2013년의 예상이지만 이미 현실화되기 시작한 영역이 꽤 있습니다. 성낙환 LG경제연구원 선임연구원은 "단순 질의응답이 주된 업무인 콜센터나 특정 분야에 한정된 지식을 요하는 전문가, 실시간 모니터링 요원 등은 자연어처리, 전문가 시스템, 인텔리전트 에이전트 등으로 대체될 가능성이 높다"고 전망하기도 했습니다.

2016년 일본 노무라종합연구소와 영국 옥스퍼드 대학 연구진은 일본의 직업 601개를 대상으로 계산한 결과, 앞으로 10~20년 후에는 일본 인구의 절반이 종사하는 업무가 인공지능이나 로봇으로 대체될 가능성이 크다는 의견을 내놨습니다.[27]

우리나라라고 예외일까요? KT경제경영연구소는 〈인공지능, 완성이 되다〉라는 보고서에서 2030년에는 국내 인공지능 시장규모가 27조 5000억 원에 달할 것이라고 전망했습니다. 직종도 보안, 경비 등에서 헬스케어, 통번역, 교육, 간호까지 전방위로 확산될 것이라는 전망입니다.[28]

'0'으로 수렴하는 비용

그렇다면 인간은 왜 사람들의 일자리를 위협하면서까지 알고리즘이나 로봇을 도입하려고 할까요? 가장 쉽게 떠올릴 수 있는 대답은 '경제적이기 때문'입니다. 2015년 보스턴컨설팅그룹이 낸 보고서에 따르면 로봇 덕분에 앞으로 10년간 주요 수출국의 생산비용은 평균 16% 낮아진다고 합니다. 수출 의존도가 높은 우리나라는 무려 33%의 비용절감 효과를 거둘 수 있다고 하니 기업으로서는 로봇의 도입을 마다할 이유가 없어 보입니다.[29]

나아가 최근 등장하는 자동화 기술 대부분은 하드웨어가 아니라 소프트웨어 분야에서 출현하고 있습니다. 소프트웨어는 디지털화돼 있는 만큼 무한 복제가 가능하다는 특성이 있습니다. 음악을 들을 수 있는 앱이나 낯선 곳에서 목적지까지 도달할 수 있도록 길을 안내해주는 지도나 내비게이션 앱을 생각해보면 이해가 쉽습니다.

자동차는 한 대를 추가로 생산할 때마다 막대한 추가 비용이 소요됩니다. 노트북 같은 전자제품을 만들 때에도 마찬가지죠. 제조공정은 자동화돼 있지만 계속 제품을 생산할 때마다 원자재와 물류비 같은 비용이 계속 발생할 수밖에 없습니다. 한꺼번에 대량으로 제품을 생산하는 데에도 물리적 한계가 존재하죠.

하지만 내비게이션이나 음악 혹은 뉴스를 소비할 수 있도록 해주는 애플리케이션들은 모두 코드로 디지털화돼 있기 때문에 10개를 복제하든 수십만 개를 복제하든 추가로 지출되는 비용에 차이가 거의 없습니다. 복제하는 과정에서 원본만의 특성이 훼손되지도 않고요. 일단 복제한 뒤부터는 애플리케이션을 탑재할 수 있는 디바이스가 있는 곳이면 지구 반대편이라도 거의 실시간으로 보낼 수 있습니다. 현재 우리가 목격하고 있는 로봇과 인공지능, 알고리즘의 발전 양상이 어느 때보다 빠르게 진행되는 것은 디지털 기술만의 이 같은 특성에 기인하고 있습니다. 바퀴 달린 자동차를 제조하는 것과는 근본적으로 다른 차이죠.

기업을 경영하는 사람들에게 디지털 기술이 가지고 있는 이러한 특성은 뿌리치기 힘든 유혹입니다. 기업 입장에서는 알고리즘이나 소프트웨어를 개발하는 데 드는 초기 투자비용을 무시할 수 없습니다. 하지만 일단 이런 기술이 작동을 시작하는 순간부터는 제품생산이나 조직운영 등 개발된 기술을 적용할 수 있는 분야가 크게 늘어나는 것 또한 사실입니다. 적용 범위가 넓어지고 기술이 가져다주는 혜택이 일정한 수준에 오르는 순간, 사람이 해오던 일을 대체할 수 있는 단계로 진입하게 되죠.

현재 디지털화된 기술이나 로봇을 도입하는 데 드는 비용은 계속해서 낮아지고 있습니다. 1년에 평균 7~8% 정도씩 감소하고 있죠. 물론 로봇 도입 비용이 떨어진다고 해서 기업들이 로봇이나 디지털 기술 기반의 생산 시스템으로 곧바로 전환할 수 있는 것은 아닙니다.

아무리 신기술이라 해도 인간이 가진 다양한 능력을 한꺼번에 대체하기는 어렵기 때문이죠. 단지 인건비를 절감하는 차원에서만 접근할 수 있는 문제는 아니라는 의미입니다. 로봇을 쓸까 인간을 쓸까, 기업의 고민이 깊어지는 이유입니다.

그러나 만약 어떤 기업이 로봇이나 디지털 기술을 도입해 생산성을 몇 배로 끌어올리고 비용도 큰 폭으로 절감했다는 사실이 알려진다면 상황은 달라질 수밖에 없습니다. 동종업계 경쟁 기업들 사이에 새로운 기술을 도입하기 위한 유혹과 경쟁은 커지게 마련이니까요. 종이지도를 들고 길을 찾아다니는 일이 낯설어지고 스마트폰의 지도 앱을 사용하는 행위가 어느 순간 지극히 당연해진 것처럼, 이런 변화들은 소리 소문 없이 찾아오게 될 겁니다.

실제로 기존의 소프트웨어에서는 발견할 수 없었던 막강한 힘이 최근 각 분야에서 출현하고 있는 인공지능과 로봇기술의 발전에서 확인되고 있습니다. 달리는 로봇이 다가오는 장애물을 뛰어넘거나 인공지능이 혼자서 게임을 배워 인간과의 대결에서 승리하는 공상과학 소설 같은 일들이 일어나고 있습니다. 이런 기술들은 이제 일상에 스며들어 페이스북의 챗봇처럼 인공지능이 메신저를 통해 사람 대신 물건을 주문하거나, 애플의 시리나 마이크로소프트의 코타나 Cortana처럼 스마트폰에 탑재된 개인비서를 불러 호텔을 예약하게 하는 등의 일들을 가능케 하고 있습니다.

이 같은 기술들은 마크 저커버그처럼 해당 기술을 태동시킨 주인 공들뿐 아니라 이 기술을 일상생활에서 활용하는 소비자들에게 막대한 영향을 미치게 될 겁니다. 기업들은 이러한 기술을 바탕으로 인간의 한계를 뛰어넘는 또 다른 도전에 나서겠죠. 더 적은 비용으로 지금보다 더 나은 서비스와 가치를 실현하기 위한 시도가 계속될 겁니다. 우리가 지금 목격하고 있는 기술발전들도 모두 이 같은 과정들을 통해 이루어져 왔고요.

세상을 움직이는 힘은 이제 인간의 노동 그 자체보다는 새로운 알고리즘과 로봇, 인공지능을 창조하는 자본과 기술에 의해 새롭게 재편되고 있습니다. 과거처럼 많은 직원을 거느리지 않고도 새로운 질서와 권력을 만들어낼 수 있습니다. 기술의 힘을 활용할 수 있기에 가능해진 일입니다.

세기의 바둑대결로 세상을 놀라게 했던 딥마인드 테크놀로지의 직원은 200명 안팎에 불과합니다. 2012년 10억 달러의 빚을 진 채 파산을 신청했던 세계적인 필름제조회사 코닥Kodak이 한때 14만 명이 넘는 직원을 두었던 것에 비하면 아주 작은 규모입니다. 세계적으로 하루 10억 명, 한 달 15억 명이 이용하는 세계 최대의 소셜미디어 기업 페이스북에서 일하는 직원은 1만 2000명이 조금 넘습니다.

삼성전자 임직원이 2015년 기준으로 31만 9000명인 것에 비하면 역시 굉장히 적은 인원입니다. 하지만 페이스북은 2015년 한 해 179억 3000만 달러(21조 6500억 원)의 매출과 62억 3000만 달러(7조 5200억 원)에 달하는 영업이익을 기록했습니다. 2012년 페이스북이 온라인 사진공유 및 소셜 네트워크 기업인 인스타그램을 인수할 당시 이 회사의 직원은 13명에 불과했습니다. 페이스북은 13명의 직원들과 함께 인스타그램을 당시 10억 달러(약 1조 1500억 원)에 인수했습니다. 이 몇 개의 숫자만으로도 새로운 기술 앞에 물리적인 '규모'라는 것이 얼마나 의미없는지 실감하게 됩니다.

경제는 해를 거듭할수록 자동화되고 있습니다. 이제 예전처럼 많은 사람들을 필요로 하지 않는 방향으로 나아가고 있습니다. 알고리즘과 인공지능, 로봇기술은 이 모든 변화를 만들어내고 있는 엔진입니다. 이 엔진은 효율성을 높이고 비용을 절감하려는 수많은 기업들을 유혹하고 있습니다. 페이스북이나 구글처럼 세상을 빠르게 변화시키고 있는 글로벌 거대기업들 뒤에는 이들이 선보인 신기술에 새로운 아이디어를 결합해 또 다른 분야와 산업영역에서 세상을 변화시키려는 딥마인드 같은 스타트업들의 도전이 이어지고 있습니다. 일자리로부터 소외되는 사람들이 점점 많아지고 그 자리를 새로운 자동화 기술이 대체하고 있는 지금의 상황이 나아지지 않을 것이란 우려가 커지고 있는 이유입니다.

인간 노동의 역사에서 가장 큰 변화를 불러오고 있는 로봇, 인공지능, 알고리즘을 응용한 기술발전과의 경쟁에서 인간은 과연 승리할 수 있을까요? 기술혁신이 초래하고 있는 실업으로부터 일자리를 지킬 수 있을까요? 나아가 기계와 협력할 수 있는 대안을 마련할 수 있을까요?

기존의 일자리,
기존의 비즈니스가 사라진다

우버는 스마트폰으로 부르는 콜택시 서비스입니다. 스마트폰에서 우버 앱을 실행하고 탑승 위치를 입력하면 정장 차림의 기사가 고급 세단을 몰고 고객을 태우러 오죠. 2010년 미국 샌프란시스코에서 서비스를 시작한 스타트업 우버는 불과 5~6년 만에 세계 37개국 140여 개 도시로 진출했습니다. 현재 진행되고 있는 어떤 혁신적인 비즈니스보다 성장 속도가 빠른 기업입니다.

우버의 성공은 승객과 기사를 전에 없던 방식으로 연결해주는 새로운 서비스 덕분에 가능했습니다. 과거처럼 거리에서 손을 흔들거나 기다릴 필요 없이 우버 앱을 클릭하는 것만으로 편리하게 택시를 부를 수 있는 새로운 방식의 서비스는 온라인과 오프라인을 빠르게 연결해주는 O2OOnline to Offline 비즈니스 모델의 대표적인 성공사례로 자리 잡았습니다. 앱을 통해 요금을 지불하는 결제 시스템, 택시기사들에 대한 신뢰, 도시별로 책정돼 있는 투명한 요금체계 등도 우버가 세계인의 마음을 사로잡은 요인으로 작용했습니다.

덕분에 우버는 〈포브스〉로부터 2015년 기준으로 690억 달러의 기업가치를 평가받아 에어비앤비Airbnb와 샤오미를 누르고 전 세계에서 가장 높은 기업가치를 인정받는 스타트업이 되었습니다.

우버의 성공신화는 세계의 수많은 스타트업들이 O2O 서비스에 기반한 온디맨드On Demand 방식의 새로운 비즈니스 모델을 창출하도록 만드는 촉매제로 작용했습니다. 우버의 새로운 비즈니스 모델에

기업명	기업가치	총 투자유치액	평가시점
우버	625억 달러	84억 달러	2015년 12월
샤오미	460억 달러	14억 달러	2014년 12월
에어비앤비	255억 달러	23억 달러	2015년 6월
디디추싱(Didi Chuxing)	250억 달러	50억 달러	2016년 5월
팰런티어(Palantir)	200억 달러	19억 달러	2015년 10월
메이투안-디엔핑(Meituan-Dianping)	183억 달러	33억 달러	2016년 1월
스냅챗	160억 달러	13억 달러	2016년 2월
위워크(WeWork)	160억 달러	14억 달러	2016년 3월
플립카트(Flipkart)	150억 달러	30억 달러	2015년 4월
스페이스엑스(SpaceX)	120억 달러	11억 달러	2015년 1월

▼기업가치 10억 달러 이상의 비상장 벤처기업 명단
(출처 : 다우존스 벤처소스(Dow Jones VentureSource))

힘입어 숙박업계에서는 에어비앤비, 유기농 음식배달업에서는 스푼
로켓SpoonRocket, 심부름 서비스인 태스크래빗TaskRabbit, 주차대행 서
비스인 럭스Luxe, 빨래를 대신해주는 스프릭Sprig, 우체국 볼일을 대신
해주는 십Shyp, 의사를 보내주는 힐Heal과 같은 수많은 스타트업들이
탄생했습니다. 한국에서도 카카오택시와 배달의민족 같은 모바일
기반의 O2O 서비스들이 돌풍을 일으킨 바 있죠.

　하지만 탄탄대로를 걸을 것만 같았던 우버의 성공신화는 뜻하지
않은 암초에 부딪혀 신음하고 있습니다. 우버 서비스가 진출하는 세
계 주요 도시마다 택시기사들의 강력한 반대시위와 불법운행 논란
에 휘말리고 있기 때문입니다. 워싱턴과 뉴욕 등 미국의 주요 도시는
물론 런던과 파리, 베를린과 로마 등 유럽 각국의 대도시에서 택시기
사들의 반대시위가 일어났고 독일을 비롯한 여러 나라에서 우리나
라의 운수사업법과 같은 실정법을 근거로 우버의 운행을 금지하고
나섰습니다. 우리나라에서도 우버 택시를 운행한 기사들과 업체 관
계자들이 무더기로 입건되기도 했죠.

　에어비앤비 또한 사정은 마찬가지입니다. 에어비앤비는 모바일이
나 인터넷을 기반으로 한 세계 최대의 숙박공유 서비스로 빈방이나
빈집을 소유한 집주인과 낯선 도시에서 머무를 곳이 필요한 여행객
들을 인터넷이나 앱을 통해 간편하게 중개해주는 서비스입니다. 기
존과 전혀 다른 비즈니스 모델로 에어비앤비는 단숨에 세계 숙박업

계에 돌풍을 일으키며 세계적인 스타트업으로 부상했습니다. 집주인은 사용하지 않는 공간을 임대해 부가적인 수익을 얻을 수 있고 여행객들은 호텔보다 저렴한 비용으로 자신이 원하는 장소에 머무를 수 있다는 장점이 에어비앤비가 일으킨 돌풍의 요인이었습니다.

하지만 바로 이 점 때문에 각국에서 사업형태의 적법성 논란이 일고 있습니다. 우리나라에서도 숙박업을 하려는 사람은 반드시 관할 구청에 신고하도록 돼 있는 공중위생관리법을 위반한 혐의로 에어비앤비를 통해 자신의 집을 임대한 집주인에게 벌금형이 선고되기도 했습니다.[30] 에어비앤비에 대해 우리나라 법원이 불법 판결을 내린 첫 사례였습니다. 에어비앤비 숙소 대부분이 무허가 영업을 하며 세금납부 의무나 안전관리규정 등을 준수하지 않는다는 기존 숙박업체들의 문제제기를 법원이 받아들인 것이었습니다.

개인과 기업 누구도 안전하지 않다

기술의 역습 앞에 개인만 두려움에 떠는 것은 아닙니다. 기업은 싼값에 기계를 사용하면 되니 좋지 않느냐고 생각할지 모르지만, 속사정은 결코 그렇지 않습니다. 기업 또한 두려움에 떨기는 개인과 다르지 않습니다.

기업들이 두려워하는 것은 자신들의 직원을 해고해야 하는 상황이 아닙니다. 이들이 두려워하는 것은 인공지능과 로봇기술의 발전과 재결합을 통해 만들어지고 있는 '파괴적 기술destructive technology'의 등장입니다. 기존의 사업구조와 방향, 시장의 흐름을 순식간에 무너뜨려 기업의 운명을 바꿔놓기 때문이죠. 일자리를 잃는 노동자들뿐 아니라 기업도 파괴적인 기술의 희생양이 될 수 있습니다.

현재 각국에서 벌어지고 있는 우버나 에어비앤비 서비스의 불법 논란 또한 새로운 기술 기반의 서비스가 기존의 관련 법규나 사업자들의 이해관계와 충돌하면서 빚어지는 현상입니다. 법규나 제도, 사회적 인식 등 기존의 사회 시스템이 기술의 급속한 발전으로 출현하고 있는 새로운 개념의 비즈니스 모델이나 아이디어를 담아낼 준비가 되지 않았기 때문입니다.

이 같은 논란과 갈등은 앞으로 더욱 심화되겠죠. 디지털 기술의 발전으로 우버나 에어비앤비처럼 기존의 산업들을 한꺼번에 뒤흔드는 파괴적 기술이 더욱 많은 영역에서 등장하고 있으니까요. 스마트폰 앱을 몇 번 터치하는 것만으로 택시를 불러 목적지까지 편하게 갈 수 있는 카카오택시나 은행에 가지 않고도 은행업무를 볼 수 있는 인터넷은행의 출현은 불과 2~3년 전만 해도 존재하지 않았던 서비스들이었습니다. 디지털 기술의 발전이 기존 산업과 서비스를 송두리째 뒤흔들고 있고, 그 일을 직업으로 삼아왔던 종사자들은 일자리를 잃을 위험에 내몰리는 상황이 현실에서 벌어지고 있는 것이죠. 현재 우

버는 자율주행 모델을 개발하고 있습니다. 그렇게 된다면 택시요금의 일부를 수수료로 가져가는 정도가 아니라 아예 요금 전체를 우버가 가져가게 될 겁니다. 우버 드라이버는 필요 없게 되겠죠.

현재 우리가 직면한 현실은 산업혁명과 함께 등장한 기계가 인간 노동 중심의 기존 질서를 파괴하면서 벌어졌던 논란과 비슷하지만, 여파는 비교할 수 없을 만큼 강력합니다. 기술의 발전속도가 상상할 수 없을 만큼 빨라지면서 기존의 시장질서와 사회 시스템을 파괴하는 영향력 또한 가공할 수준에 이르렀습니다.

새로운 것이 등장하면 기존 질서와 마찰을 빚게 마련입니다. 어느 나라든 혁신적인 기술에 기반한 새로운 사업과 서비스 태동에 관심을 가지기보다는 기존 산업에 미치는 영향을 최소화하고 보호하는 데 초점을 맞추는 게 일반적입니다. 혁신이 불러올 충격을 최소화해 관련 산업 종사자들의 일자리를 보호해야 하기 때문입니다. 이 같은 이유로 혁신적인 기술의 발전은 종종 정부의 각종 규제와 기존 산업 종사자들의 반대에 부딪히곤 합니다.

하지만 기술 혁신은 언제나 궁극적으로 사회 시스템 전반을 변화시켰고 사회 구성원들의 삶의 방식 또한 크게 바꾸어왔습니다. 최근 들어 그 속도는 더욱 빨라지고 있고요. 아이폰이 세상에 나오기 전의 세상과 오늘날 우리의 일상을 비교해보면 어렵지 않게 실감할 수 있는 일입니다. 휴대폰은 애초에 전화하는 기계였습니다. 그러다 문자를 보내게 되고, 음악을 듣게 되고, 사진을 찍게 되었죠. 그 덕에 사람들은 어디서든 편리하게 음악을 듣고 사진을 남길 수 있게 되었지만, MP3플레이어 회사나 카메라 회사는 갑자기 힘들어졌습니다. 자신의 영역과는 상관없는 '휴대폰 시장'의 변화 때문에요.

이런 변화를 반대한다고만 해서 막을 수 있을까요? 분명한 것은 파괴적 혁신의 쓰나미에 대비하지 않은 나라들은 혁신을 만들고 준비해온 나라들에 비해 결과적으로 크게 뒤처지고 있고, 그들과의 간극 또한 커지고 있다는 사실입니다. 현재 미국이나 중국처럼 파괴적 혁신을 자신의 성장동력으로 삼으려는 나라들에서는 새로운 기술을 적극 수용하려 할 겁니다. 그렇게 만들어진 경쟁력으로 전 세계를 상대로 더 큰 사업을 하려고 하겠죠. 반대로 경쟁력이 떨어진다고 생각하는 나라들에서는 외국기업이 밀고 들어오는 것을 막고자 각종 규제가 생겨날 테고요.

그러나 기술발전이 만들어내는 사회변화는 불가피합니다. 사람들은 누구나 낮고 편리한 서비스를 원하기 때문에 새로운 기술을 막는 것은 불가능합니다. 우리나라도 처음에는 스마트폰이 들어오지 못하도록 막으려 했습니다. 기존의 국내 산업을 보호하기 위해서였죠. 다행히 그사이 삼성이 스마트폰을 개발하면서 규제가 계속되지는 않았지만요. 만약 계속 막기만 했다면 관련 분야에서 우리나라 기업들이 이룬 현재의 혁신은 없었을 겁니다. 현재 우버나 에어비앤비가 여러 나라에서 기존 산업 종사자들의 반대와 정부규제 때문에 발목이 잡혀 있지만, 그럼에도 이들 서비스를 이용하려는 소비자들은 갈수록 많아지고 있습니다. 두 스타트업의 기업가치가 기존 사회질서로부터 파생되고 있는 수많은 장애물에도 불구하고 천문학적 수준에 도달했다는 사실 자체가 이를 잘 말해주고 있습니다.

인공지능 관련 산업의 시장규모는 2016년 현재 1200억 달러 수준이지만 2024년이면 3조 달러에 이를 것으로 전망됩니다.[31] 혁신적인 기술 덕분에 시장이 커지고 새로운 일자리가 많이 만들어지기만 한다면 기계가 인간의 일자리를 대체한다고 해서 걱정할 필요는 없을 겁니다. 생산성은 늘고 인간이 일할 수 있는 새로운 직업들도 만들어진다는 뜻이니까요. 어쩌면 가장 이상적인 시나리오가 될 수도 있을 겁니다. 인공지능이 탑재된 기계나 로봇이 인간을 대신해 생산활동을 완벽하게 감당할 수 있게 된다면 인간은 더 이상 돈을 벌기 위해 일자리를 찾아다닐 필요도 없어질 테니까요. 생존을 위해 일하는 대신 삶을 즐기는 데 더 많은 시간을 할애할 수 있게 될 겁니다.

4차 산업혁명을 주도하고 있는 실리콘밸리의 수많은 기업들은 사람이 일하지 않고도 풍요롭게 사는 세상을 향해 나아가고 있습니다. 지금 이 순간에도 새로운 형태의 로봇과 인공지능 개발을 위한 끊임없는 도전과 투자가 이어지고 있고 이를 활용한 새로운 비즈니스 모델 또한 계속 탄생하고 있습니다. 10년 혹은 20년 후쯤이면 딜리프 조지의 비카리우스 같은 실리콘밸리의 벤처기업들이나 이른바 '가 파GAFAT'라 불리는 구글, 애플, 페이스북, 아마존, 테슬라 같은 혁신 기업들이 개발하고 보유한 미래기술이 거의 모든 제품과 서비스에 적용될 겁니다. 실리콘밸리의 벤처기업들은 세계 굴지의 거대기업 들과 어깨를 나란히 하며 경쟁할 것이고 구글 같은 기업들은 더 많은 비즈니스와 사회 영역에서 우리의 삶의 방식과 생각을 바꿔나갈 겁 니다.

과거가 아니라 미래를 보호하라

이러한 미래 환경에서 기업 이 살아남는 조건은 무엇일까요? 기존 질서를 파괴하는 혁신적인 기 술을 개발하고, 이를 통해 새로운 비즈니스 환경을 창조해낼 수 있느 냐 하는 것입니다. 미국과 중국의 글로벌 기업들은 현재 엄청난 자금 을 풀어 전 세계의 유능한 기업과 인재를 끌어들이고 있습니다. 구 글, 페이스북, 마이크로소프트, 바이두 이 네 기업이 2015년에 인공 지능 관련 기업을 인수하거나 인력을 스카우트하는 데 쓴 돈이 10조 원에 달할 정도죠.[32] 비록 정부 주도로 이루어지는 투자는 아니더라 도, 일각에서는 마치 2차 세계대전 말에 미국 정부가 유럽 과학자들 을 대거 영입해서 핵폭탄을 개발했던 '맨해튼 프로젝트'와 유사하다고 우려하기도 합니다. 세계 최고 두뇌들이 모인 만큼 다른 국가 기업들과의 기술격차도 점점 벌어질 테니까요. 우리나라 정부나 기업에서는 이런 흐름에 뒤처지지 않도록 대비를 잘하고 있는지 곰곰이 생각해볼 일입니다.

2012년 10월, 지식경제부는 2020년까지 '세계에서 로봇을 가장 잘 활용하는 국가'를 목표로 하는 10년간의 전략을 발표했습니다. 지능형 로봇의 개발과 보급을 촉진해 2022년 국내 로봇시장을 25조 원까지 육성한다는 계획이었죠. 또한 이 시장 규모에 걸맞은 인력 양성 기반 확충 및 창의적인 융합형 글로벌 로봇 인재를 배출한다는 목표를 제시했습니다.[33]

그로부터 4년여가 지났습니다. 정부가 천명한 이른바 'All-Robot' 시대에 대한 대비는 차질 없이 진행되고 있을까요? 그사이 인공지능이나 로봇에 관한 우리의 인식에도 많은 변화가 생겼지만, 그것이 국가의 정책 덕분이라는 생각은 안타깝게도 들지 않습니다. 오히려 구글이 주최한 '알파고 이벤트' 때문이라고 봐야겠죠. 일선에서는 기술개발을 정부정책이 따라가지 못한다는 볼멘소리도 나오는 실정입니다.

세계적으로 볼 때 인공지능에 대한 연구가 시작된 지는 60년이 넘었습니다. 그동안 침체기도 있었죠. 1970년대와 80년대에 두 차례 '인공지능의 겨울'이 닥치며 연구비가 삭감되고 비관론이 퍼져가기도 했습니다. 이러한 고비를 견디고 오늘날의 대변혁을 가능케 한 주역으로 캐나다고등연구원이 꼽히고 있습니다. 인공지능 연구가 별다른 진전을 보이지 못했던 2000년대 초반, 캐나다고등연구원은 토론토 대학의 제프리 힌턴Jeffrey Hinton 교수 연구팀에 10년간 1000만 달러를 투자했습니다. 이들은 이 종잣돈을 기반으로 연구에 매진해 딥러닝 개념을 발전시켰습니다. 그 후 뒤늦게 딥러닝의 가능성에 주목한 실리콘밸리 기업들도 경쟁에 뛰어들어 오늘날 알파고를 비롯한 성과를 만들어냈죠.[34]

기계가 학습을 한다는 개념은 당시만 해도 허무맹랑한 소리로 들렸을 겁니다. 그런데도 당장 성과가 나오지 않을 분야에 10년간 거금을 투자하기란 결코 쉽지 않습니다. 더욱이 우리나라 정부 후원은 가시적인 성과를 중요시하기 때문에 대담하고 위험한 프로젝트에는 상대적으로 소극적인 경향이 있습니다. 인공지능 프로젝트에 대한 투자규모를 보면 차이가 한눈에 들어옵니다. 미국은 '브레인 이니셔티브'에 10년간 30억 달러, 유럽은 '휴먼 브레인'에 10년간 10억 유로를 투자합니다. 한화로 각각 3조 6000억, 1조 3000억 원 규모죠. 일본도 10년간 1000억 엔을 투자하고 있는데, 우리나라 '엑소 브레인' 사업의 투자 규모는 1070억 원에 불과합니다. 정부뿐 아니라 기업들도 미국과 중국에 밀리고 있는 실정이죠.[35]

미래의 생존, 나아가 경쟁력을 높이고자 한다면 발상의 전환이 필요하지 않을까요? 도전적인 과제에 연구자들이 매진할 수 있도록 기업과 정부가 투자자로서 든든히 뒷받침해줘야 하지 않을까 싶습니다. 미국의 경우 지난 2012년 오바마 대통령이 신생기업 육성방안인 잡스법Jumpstart Our Business Startups Acts에 서명하며 본격적으로 벤처기업 육성을 지지하기도 했습니다.

이처럼 과도한 규제를 없애고 적절한 가이드라인을 제시해 인공지능을 활용한 첨단기업이 많이 나올 수 있도록 지원하는 방안이 우리에게도 필요합니다. 특히 새로운 기술은 우버의 예에서 보았듯이 기존의 산업과 충돌할 수밖에 없습니다. 이때 무조건 신기술에 대한 규제만 계속한다면 애써 키워온 미래기술이 싹을 틔우지도 못하고 사장돼 버릴 수도 있습니다.[36] 기존의 시장을 보호한다는 이유로 기존의 상태를 고착화하는 식의 결정만 내린다면 오히려 상황을 더 악화시킬 수 있습니다. 기계를 부숴버리거나 규제를 많이 두고 자격증을 따게 해서 진입장벽을 높이는 결정은 새로운 아이디어의 도입을 늦출 뿐입니다.

디지털사회연구소의 강정수 소장은 우리 정부가 막연한 두려움을 떨치고 적극적으로 나서야 한다고 주문합니다. 변화를 더 빠르고 부드럽게 맞이할 수 있도록 교육과 기술력을 높이고 기업가적 마인드를 장려하는 정책이 필요하다는 것입니다.

"신분당선은 무인으로 오고 갑니다. 무인으로 오고 간다는 것은 큰 데이터가 흐른다는 뜻입니다. 인공지능의 가능성이 있는 거죠. 자, 그러면 2, 3, 4, 5, 6호선도 무인으로 갈지에 대한 논의가 이루어질 겁니다. 여기에는 당연하게 사회적 고통이 있습니다. 기관사들이 일자리를 잃을 수 있죠. 그러니 내일 당장 다 무인화하자고는 말하기 어렵습니다. 다만 그렇다고 논의조차 하지 않으면 안 됩니다. 논의를 시작해야 해요.

만약 5년 뒤에 인공지능으로 모두 무인화하겠다는 계획이 나왔다고 해보죠. 그러면 5년의 유예기간 동안 기관사들에 대한 재교육은 어떻게 할 것인지, 재교육이 안 되는 분들은 관리자로 남길 수 있는지 등의 사회적 논의를 할 겁니다. 즉 산업 경쟁력을 키우고 그와 동시에 피해를 받는 사람들을 어떻게 구제하고 보호할 것인지, 어떻게 두려움을 줄일 것인지에 대한 논의를 해야 해요. 여기에 대한 사회적 논쟁이 치열하게 있어야 합니다. 두려워 가만히 있는다고 해결될 일이 아니라는 거죠."

웹2.0의 창시자인 팀 오라일리Tim o'Riley는 이런 말을 했습니다. 정부의 정책과 규제 결정에는 두 가지 선택지가 있다고. 그것은 미래로부터 과거를 보호하거나, 미래를 과거로부터 보호한다는 것이죠. 기왕이면 미래를 보호하는 게 낫지 않을까요? 2014년 미국 오바마 대통령은 국정연설에서 이런 말을 했습니다. "혁신에 모든 것을 바치는 국가만이 전 세계 경제를 소유할 자격이 있다."

한쪽에서 이런 마음가짐으로 혁신의 격차를 넓혀가고 있습니다. 그렇다면 우리도 다가오는 미래를 오지 못하게 막을 것이 아니라 혁신이 만들어낼 새로운 일자리가 무엇인지 가늠하고 기존 산업 종사자들이 변화에 적응할 수 있도록 재교육하고 훈련시켜야 하지 않을까요? 그 편이 빠르게 다가오는 미래를 대비하는 더욱 현명한 방법임은 두말할 나위가 없을 것입니다. 그렇지 않으면 남이 이루어놓은 혁신에 일자리를 빼앗기는 암울한 미래를 맞을 수도 있습니다.

사라질 직업,
사라질 인재

CHAPTER **4**

보스턴컨설팅그룹이 2015년 발간한 〈로봇혁명〉 보고서에는 2025 년까지 산업용 로봇시장과 세계 노동시장에 일어날 변화상이 담겨 있습니다. 로봇 기능이 향상되고 가격이 떨어지자 그간 로봇 도입을 미루어왔던 중소업체들이 산업용 로봇 도입에 적극 가세하면서 실질적인 로봇혁명이 시작된다는 것이죠. 이제는 인간을 로봇으로 대체해도 ROI가 보장되는 전환점에 도달했으며, 앞으로 10년 동안 매년 로봇 도입이 10%씩 증가할 것이란 전망도 담겨 있습니다.

이처럼 기술의 진화는 필연적으로 노동의 재조직화를 부릅니다. 사회 전반적인 노동 시스템 또한 전환되죠. 강정수 소장의 설명입니다.

"과거 농업중심 사회가 공업중심 사회로 바뀌었을 때, 왜 많은 농촌 인구가 일자리를 포기하고 도시로 왔을까요? 도시에 가서 떼돈 벌 수 있다는 것도 중요하지만, 1차적으로는 농촌에서 더 이상 내가 필요 없어진 겁니다. 예컨대 내가 농촌에서 일하면서 하루 3만 원을 벌었는데, 트랙터가 도입되더니 내 일당을 1만 원으로 떨어뜨려 버린 거예요. 힘들게 땀 흘려서 겨우 1만 원을 손에 쥐느니 도시에서 지게를 져서라도 하루 1만 5000원을 벌겠다, 이런 마음으로 도시로 모이는 겁니다. 기술발달은 이런 과정을 거쳐 사회 전반에 노동의 재조직화를 부릅니다. 우리나라의 경우 1980년대에는 중공업 중심으로 성장하면서 중공업에 일자리가 넘쳤습니다. 공고만 나와도 바로 취직할 수 있었죠. 그에 따라 중공업에 들어가기 유리한 고등학교, 대학교들이 편재되기 시작했습니다.

그러다 1990년대에는 증권 바람이 크게 불었습니다. 그랬더니 대학교에서 경영학과를 금융경제학과나 금융경영학과로 바꾸고 금융권에 대한 교육을 대폭 강화했습니다. 그런 식으로 사회에 필요한 노동력을 교육기관에서 만들고, 사회에 필요한 노동력을 재구성하게 됩니다. 일자리의 재배치가 계속 일어나는 것이죠."

지금은 상상할 수 없는 일이지만, 불과 몇십 년 전만 해도 수천 명의 직원에게 지급되는 임금을 몇 명의 직원이 일일이 손으로 세어서 나눠주곤 했습니다. 하지만 이런 일은 컴퓨터가 인간보다 훨씬 잘할 수 있는 세상이 되었습니다. 마찬가지로 지금은 인간이 당연한 듯이 하고 있는 일도 몇십 년 후에는 당연히 기계가 해야 할 일로 여겨질 것입니다. 오랫동안 갈고닦아온 역량과 지식을 바탕으로 생계를 유지해왔던 수많은 사람들이 머지않아 기계에게 자신이 해왔던 일을 빼앗기거나 더 이상 임금이 오르지 않는 현실과 마주하게 될 겁니다.

강정수 소장은 기술이 발달된 사회에서는 일자리를 빼앗기고, 그렇지 않은 사회에서는 저임금에 시달리게 되는 메커니즘을 아마존을 예로 들어 설명합니다.

"아마존 물류창고에서는 키바 로봇이 물건을 나르고, 사람은 포장만 해요. 로봇학의 기본 방법론은 인간의 행위 또는 동물의 행위를 가장 작은 단위로 분절하는 겁니다. 그러고는 이것을 자동화하죠. 자동화하고 남은 것은 포장밖에 없어요. 아마존은 이미 북미와 유럽과 일본에서는 규모의 경제를 이루었기 때문에 이 지역에서는 포장과 관련한 비용이 거의 0으로 수렴하고 있어요. 우리나라는 아직 인간이 하고요. 그런데 아마존이 존재하는 이상 이 분야의 노동력은 임금을 올릴 수 없어요. 즉 물건을 분류하고 포장하는 한국의 노동자들이 '우리 임금 좀 올려주세요. 이건 최저임금도 안 돼요'라고 하는 순간 사업주는 '미국을 봐라, 유럽을 봐라, 인건비가 높은 나라에서도 물류에서 분류비용은 0에 가까워. 그들과 경쟁해야 되는데 어떻게 임금을 올려줄 수 있겠니'라고 할 거라고요.

저는 당분간 드론 수백 대가 서울 하늘을 떠다니면서 물건 배달할 일은 없다고 생각해요. 반면 미국처럼 땅이 넓은 나라는 물건 하나 배달하려고 트럭 한 대가 가야 하는 것은 에너지 낭비거든요. 환경에도 매우 좋지 않고. 이럴 경우 드론이 날아가면 배달료가 매우 낮은 수준으로 떨어지게 됩니다. 아마존은 이런 기술력을 갖고 있기 때문에 다른 경쟁업체들이 도저히 배달료를 아마존만큼 낮출 수가 없어요. 결국 아마존에 의한 일종의 수렴 현상, 독과점 현상이 발생하고 경쟁자들은 폐업하고 일자리를 잃겠죠. 이처럼 기술력의 차이가 기술력이 없는 노동자의 임금을 하락시킵니다. 미국에서 일어나는 기술의 진화가 한국에는 임금을 올릴 수 없고 오히려 더 낮춰야 하는 결과를 낳는 것이죠. 물가는 계속 오르는데도요. 사회적 갈등이 폭발하는 요소로도 기능할 수 있습니다."

숙련직, 전문가도 안전하지 않다

영국 옥스퍼드 대학교의 칼 프레이Carl Benedikt Frey와 마이클 오스본Michael Osborne 교수는 미국 노동부의 통계자료를 근거로 미국에 존재하는 702개의 서로 다른 직업군이 기계에 의해 자동화될 수 있는지 여부를 분석했습니다. 분석결과 앞으로 자동화될 위험이 가장 큰 직업군은 텔레마케터와 세무 대리인으로 나타났습니다. 반면 자동화 가능성이 가장 낮은 직업군은 치료전문가와 정신과 전문의, 초등학교 교사라는 결과를 얻었습니다. 이들의 공통점은 무엇일까요? 바로 고도의 사회적 능력을 필요로 하는 직업들이라는 점입니다. 또한 경영업무나 과학 분야, 교육 분야, 마케팅 세일즈 디렉터처럼 사회적 지능과 독창성이 필요한

직업일수록 기계에 의한 자동화 가능성이 낮은 것으로 나타났습니다.[37] 반면 생산직이나 물류직, 운송직을 비롯해 정보를 처리하는 사무행정직 등은 기계화 가능성이 매우 높다고 예상되었습니다.

여기서 간과해서는 안 되는 요소가 있습니다. 직업의 위기가 단순 업무에 종사하는 비숙련직에만 올 것이라 생각해서는 결코 안 된다는 사실입니다. 이 영역은 이미 상당 부분 자동화가 진행되었기 때문에 앞으로의 대체속도는 오히려 완만합니다. 그보다 더 위험한 직종은 숙련직 화이트칼라입니다.

기업가이자 컴퓨터 설계 전문가인 마틴 포드Martin Ford는 2009년에 펴낸 책《터널 속의 빛The Lights in the Tunnel》에서 자동화 기술의 발전으로 점점 더 많은 직업이 기계에 의해 대체되고 있는 반면 새로 생겨나는 직업은 줄고 있다고 역설했습니다. 지금까지의 일자리들은 고도의 숙련된 기술을 필요로 하는 사람들이 상대적으로 높은 임금을 받는 구조였습니다. 반대로 숙련도가 낮은 일을 하는 노동자들은 훨씬 적은 임금을 받았죠. 이 두 그룹의 중간에는 반복적인 업무를 담당해왔던 중산층 노동자들이 있습니다. 꽤 괜찮은 수준의 임금을 받으며 사무실에서 일하는 화이트칼라들이 대부분이었죠. 하지만 이들은 컴퓨터 기술의 발달로 기계에 의해 꾸준히 대체돼 왔습니다. 중산층이 가져왔던 일자리가 줄면서 직업구조는 고도의 숙련된 기술을 필요로 하는 일자리와 전문적 기술이 거의 필요 없는 일자리로 꾸준히 양극화돼 왔습니다. 중간층이 얇아지는 대신 매우 높은 임금을 받는 숙련된 기술이 필요한 직업과 값싼 노동력이 채우는 일자리 구조로 변해온 것이죠. 인간의 특정 능력을 대체할 수 있는 기술의 발전은 이미 두려울 정도의 수준에 도달해 있으니까요.

심지어 현재 인공지능 분야에서는 고도로 숙련된 전문가들의 역량을 모방하는 연구도 활발하게 이루어지고 있습니다. 엑스퍼트 시스템expert system이라는 분야죠. 엑스퍼트 시스템은 전문가들의 지식과 경험, 노하우를 컴퓨터가 기억하도록 만들어 필요한 경우 정확한 판단을 내리도록 하는 시스템입니다.

일례로 인간 퀴즈챔피언 2명과의 대결에서 보란 듯이 이긴 IBM의 왓슨Watson은 현재 미국의 한 대학병원에서 의사들의 진단과 처방을 돕고 있습니다. 의사란 두말할 필요 없이 고도의 전문적 지식과 기술, 판단력을 필요로 하는 대표적인 전문직입니다. 그런데 이 일을 왓슨이 한다는 것이죠. 일부 병원에는 왓슨을 통해 진료하는 '왓슨 진료과'가 생기기도 했고요.

왓슨이 환자의 엑스레이나 CT, MRI를 분석한다고 가정해보죠. 그동안은 방사선과 의사들이 이 일을 해왔습니다. 방사선과 의사는 고도의 전문적인 지식과 현장 경험을 바탕으로 매 순간 정확한 판단을 해야 합니다. 그래서 방사선과 의사가 되려면 4년의 대학과정을 거쳐 의과대학 4년, 최소 5년의 고된 레지던트 기간을 거쳐야 합니다. 그럼에도 미국에서는 방사선과를 지망한 수련의들을 '행복으로 가는 길Road'을 걷고 있다고 불렀습니다. 방사선과를 뜻하는 단어 'Radiology'에서 첫 알파벳 R을 따와서 부른 것인데, 일이 까다롭고 고된 만큼 고수입을 올릴 수 있었기 때문이죠. 같은 의사라도 가정의학과 전문의에 비해 수입이 평균 2배나 높았으니 그렇게 부를 만도 했을 겁니다.

하지만 최근 몇 년 사이 미국에서 방사선과 의사들의 수입은 꾸준히 줄고 있습니다. 엑스레이나 CT, MRI를 판독할 수 있는 의료기술이 빠르게 발전하고 있기 때문입니다. 원격 판독기술까지 등장하면서 방사선과 의사들이 설 자리는 갈수록 좁아지고 있는 게 현실입니다. 여기에 더해 인간의 눈이 가진 능력을 뛰어넘는 이미지 판독이나 물체인식 기술의 발전은 이들에게 또 다른 위협이 될 것입니다.

왓슨은 현재 200만 건이 넘는 의학저널을 학습한 단계에 도달해 있습니다. 그리고 지금 이 순간에도 새로운 의학정보와 지식, 기술들을 업데이트하고 있습니다. IBM의 기술책임자 롭 하이Rob High는 "의사들이 쏟아지는 의료정보를 제대로 검토하려면 매주 160시간씩 논문을 읽어야 한다"고 했습니다. 한마디로 불가능한 일이죠. 기술의 도움 없이는 매일 엑사바이트(10의 18제곱 바이트)규모로 생성되는 정보를 검토할 수가 없어요. 인간 의사 중에는 왓슨의 학습량을 따라갈 이가 없다는 뜻입니다. 아니, 평생 공부한다 해도 왓슨이 2~3년 동안

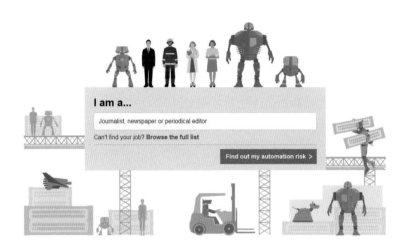

Journalists, newspaper and periodical editors

Likelihood of automation?
It's quite unlikely (8%)

How this compares with other jobs:
285th of 366

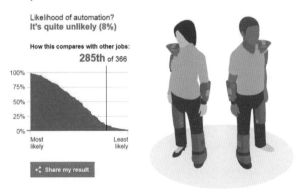

▼로봇이 당신의 직업을 대체할 확률은? (출처 : BBC 홈페이지)

학습한 만큼이라도 익힐 수 있을까요? 과연?[38]

이제는 변호사나 회계사, 의사, 약사 등 소위 '전문직'에 과도하게 집중돼 있는 직업선호도 또한 일정 부분 바뀔 필요가 있습니다. 그동안은 이들 중산층 전문직의 해고 위험이 매우 낮았고 보수도 상대적으로 높았지만 미래에도 그러하리라는 보장은 없습니다. 인공지능 기술이 앞으로도 계속 발전한다고 가정한다면, 현재 각광받고 있는 전문가 영역의 상당 부분이 기계에 의해 침해될 가능성이 높습니다.

칼 프레이와 마이클 오스본 교수의 연구에도 불구하고 미래에 어떤 직업이 자동화되고 또 생겨날지 예측하기란 여전히 쉬운 일이 아닙니다. 현존하는 직업들이 인간에게 요구하는 능력과 기계가 대체할 수 있는 영역들의 경계가 모호한 경우가 많기 때문입니다. 예를 들어 보험판매원은 사람을 설득하는 직업에 속하기 때문에 자동화 위험에서 비교적 자유로울 것 같지만 최근에는 정교한 알고리즘 덕분에 다양한 정보를 손쉽게 분석할 수 있는 데다 인터넷으로 보험에 직접 가입하는 고객들도 많아지고 있습니다. 자폐증 어린이의 치료를 돕는 로봇이 등장한 것에서 보듯, 사회적 지능을 가진 로봇의 출현이 당장은 어려울 것이라는 전문가들의 예상도 빗나가고 있죠.[39] 대인관계와 사회적 능력이 필요한 직업들 역시 부분적이기는 하지만 로봇이 대체할 수 있게 되었습니다. 마트 계산원도 물건을 계산하면서 고객과 인간적인 교류를 하지만, 자동화가 진행되면서 인간적인 교류는 배제된 채 무인 계산대만 남았죠.

요리 또한 다양한 창의성을 필요로 하고 인간의 미각을 바탕으로 하는 일이기 때문에 자동화가 매우 어려운 분야로 여겨져 왔지만 맥도날드에는 햄버거 만드는 로봇이 이미 있습니다. 패티를 굽는 단순한 작업이지만 어쨌든 엄연히 음식을 만들고 있죠. 심지어 일본에는 까다로운 음식으로 알려진 스시를 로봇이 만드는 가게가 있습니다. 복잡한 요리과정을 기술적으로 단순화해 로봇으로 대체하는 일들이 많아지는 것입니다. 스시 장인이 몇 년에 걸쳐 체득한 노하우라도 프로세스를 단순화할 수만 있다면 로봇에게 맡길 수 있습니다.

이처럼 비록 기술이 인간이 가진 능력에 미치지 못한 상태라도 전체 프로세스를 단순한 작업으로 나눔으로써 인간의 노동 일부를 담당하고 있습니다. 당분간 이런 공존 상태가 이어질 겁니다. 현재 어느 정도 사회적 지능이나 능력을 가졌다고 알려진 로봇들도 기실 일부분에 한해 인간의 능력을 대체하는 수준이니까요. 따라서 앞으로 상당 기간은 기계가 인간의 일자리를 완전히 대체하는 것이 아니라 부분적으로 대신 하는 과정을 거치며 기계와 인간의 일자리가 혼재할 가능성이 큽니다. 사람과 진정한 의미에서 소통할 수 있는 로봇을 개발하려면 앞으로도 긴 시간이 필요할 겁니다.

한국과학기술기획평가원의 차두원 박사는 로봇과 인공지능에 의

한 자동화가 진행될수록 미래의 직업은 크게 3가지로 분류될 것이라 말했습니다. "첫째는 로봇과 인공지능을 개발하는 사람, 둘째는 로봇과 인공지능에 의해 작업지시를 받는 사람, 셋째는 로봇과 인공지능에 그 작업을 지시하는 사람입니다."

이 말은 내 일자리와 내 직업이 사라질지 유지될지 판단하는 유용한 기준이기도 합니다. 여러분의 직업, 나아가 여러분의 자녀가 갖게 될 직업은 어디에 속해 있는지 곰곰이 생각해볼 일입니다.

인간을 위한
일자리는 어디?

런던에 자리 잡은 슈퍼플럭스Superflux는 실험적인 디자인을 적용한 제품으로 미래사회를 예견하는 리서치연구소이자 디자인 업체입니다. 공동설립자인 애나브 제인Anab Jain에게 이세돌 9단과 알파고의 대국 소식을 접한 소감을 물었더니 흥미로운 대답이 돌아왔습니다. 알파고 때문에 사람들이 불안감을 느꼈지만, 한편으로는 좋은 질문을 던질 계기가 되었다는 것입니다. 그 질문이란 이것입니다.

'사람이라는 건 뭘까?'

"지금 인공지능에 대해 우리가 마주한 불안은, 포스트휴먼post human 불안인 것 같아요. 한마디로 '무엇이 인간을 특별하게 하는가?'라는 의문이죠. 산업혁명 이전에는 육체노동이었어요. 그다음에는 지식노동자가 인간을 특별하게 만들었죠. 이런 것들은 사람만이 할 수 있다고 생각한 직업들이었어요. 사람에게 위엄과 자부심을 부여하는 일이었죠. 그런데 로봇기술에 이 일들을 빼앗기기 시작했어요. 그렇다면 다음 단계는 무엇인지, 어떻게 변화될지, 이것이 우리가 던질 근본적인 질문이라고 생각해요."

기계가 사람보다 더 유능해지는 세상에서 인간에게 남는 일자리의 영역은 어디일까요? 기계가 인간의 영역으로 넘어오기 어려운 병목지점이 어디인가에 관한 물음입니다.

예를 들어 어린아이를 돌보는 일이나 노인들의 건강을 보살피는 일 혹은 능숙한 대인관계를 통해 상대방을 설득하는 일은 앞으로도 인간의 고유 영역으로 남을 가능성이 높습니다. 이런 일들을 기계나 로봇이 하는 것은 아직까지는 어렵기 때문이죠. 이런 분야에서는 여전히 수많은 사람들을 필요로 하고 있고 수요 또한 줄지 않고 있습니다.

프로축구 경기가 팽팽하게 진행되는데, 하프타임 시간에 선수들 앞에 로봇 감독이 서서 작전을 지시하는 장면을 상상할 수 있을까요? 설사 로봇이 인간 감독보다 더 잘할 수 있더라도 여전히 사람들은 이런 일은 로봇에게 맡기고 싶어 하지 않을 겁니다. 인간의 본능이죠. 어떤 기업의 CEO가 침체에 빠진 분위기를 되살리고 힘들어하는 직원들을 다독이는 역할을 로봇에게 맡긴다면 어떨까요? 아니면 소비자에게 자사의 제품을 구매하도록 설득해야 하는데 로봇에게 맡길 수 있을까요? 로봇기술이 아무리 발전하더라도 그런 일은 일어나지 않을 겁니다. 사람들은 이런 일들을 다른 사람과의 관계 속에서 해결하고 싶어 하기 때문입니다.

새로운 비즈니스를 창출하고 기업을 이끄는 것 또한 매우 감성적이고 창의적인 영역에 속하는 일입니다. 수많은 변수가 복잡하게 얽혀 있는 데다, 예기치 못한 상황에 직면했을 때 다양한 방법을 동원해 문제를 해결하는 능력이 필요하기 때문입니다. 마찬가지로 인공지능이 램브란트와 똑같은 그림을 그리거나 쇼스타코비치가 작곡한 왈츠2번과 같은 곡을 만들어낼 수는 있지만 고유한 창작물에 담긴 감성과 영혼까지 복제하기란 불가능할 겁니다. 어느 음악이 더 좋은지 어떤 소설이 더 재미있는지 평가하는 것 역시 사람만이 할 수 있는 영역에 속하는 일이죠. 인간의 감수성과 창작 능력은 매우 오랜 기간 동안 주변 환경과의 상호작용을 통해 형성된 산물이기 때문입니다. 인공지능과 로봇기술 분야에서 획기적인 돌파구를 만들어내는 것 또한 기계의 복잡한 연산이 아니라 인간만이 가진 창의성과 직관을 통해 이루어져 왔고요.

나아가 지금은 없었던 새로운 직업이 만들어질 수도 있을 겁니다. 인공지능이 한편에서는 일자리를 없애지만, 다른 한편에서는 관련 분야의 일자리를 만들기도 하니까요. 세계로봇연맹은 로봇 관련 산업에서 2008년까지 세계적으로 800만~1000만 명의 고용이 창출되었다고 밝힌 바 있습니다. 로봇 개발 및 제조, 관련 부품 및 소프트웨어 개발, 시스템 운용 등의 영역에서 창출된 일자리입니다. 이들은

2020년까지 로봇과 관련해 240만~430만 명의 추가 고용이 생겨날 것이라 전망했습니다.[40]

그렇다면 미래에는 어떤 직업이 뜰까요? 미국의 문화마케팅 기업 스파크스앤허니Sparks and Honey는 10년 이내에 나타날 새로운 직업 20가지를 소개한 바 있습니다. 목록은 다음과 같습니다.[41]

- 생산성 카운슬러Productivity Counselors : 생산성 및 차별화를 꾀할 수 있도록 돕는 조언가
- 개인 디지털 큐레이터Personal Digital Curator : 당신에게 최적화된 앱, 하드웨어, 소프트웨어를 선별해 추천함으로써 개인 및 업무생산성 향상을 돕는 전문가
- 미생물 밸런서Microbial Balancer : 미생물을 통해 영양균형을 찾고 개인의 건강을 증진시키도록 돕는 전문가
- 기업 파괴자Corporate Disorganizer : 기업의 위계질서를 뒤섞고 스타트업의 문화를 이식하는 전문가
- 호기심 개인교사Curiosity Tutor : 호기심의 불을 당겨 영감을 일으키고 새로운 발견을 하도록 돕는 조언자
- 대안화폐 자문가Alternative Currency Speculator : 비트코인 등 대안화폐를 활용한 투자를 돕는 자문가
- 도시 유목민Urban Shepherd : 도시의 자투리땅에서 농사짓는 이들을

안내하는 전문가

- 프린팅 기술자Printing Handyman : 3D 프린팅으로 원하는 물건을 만들 수 있도록 해주는 기술자
- 디지털 사망 관리자Digital Death Manager : 온라인상의 개인기록을 삭제해주는 관리자
- 인생정보 보관사Personal Life Log Archivist : 개인의 인생 콘텐츠를 체계화하고 분류하여 보관하는 인공지능 전문가
- 디지털 디톡스 테라피스트Digital Detox Therapist : 디지털 스트레스에 시달리는 이들이 아날로그적 정서에 몰입할 수 있도록 독특한 경험을 제공하는 카운슬러
- 크라우드펀딩 전문가Crowdfunding Specialist : 킥스타터, 인디고고 등 크라우드펀딩 사이트를 유지하고 펀딩을 유도하는 프로모션 전문가
- 문화적 기술 전도사Cultural Skill Sherpa : 고객에게 문화적 스킬을 전수하는 조언자
- 자가측정 헬스 트레이너Quantified Self Personal Trainer : 다이어트 정보를 비롯해 개인에게 최적화된 피트니스 방법을 제공하고 분석하는 헬스 트레이너
- 대리체험 영상제작자Vicarious Videographer : 소파에서 가상체험을 즐기는 이들을 위해 구글글래스 등을 착용하고 독특한 체험을 촬영해 제공하는 모험가

- 핵스쿨링 카운슬러Hackschooling Counselor : 핵스쿨링 대안교육 전도사
- 사생활 컨설턴트Privacy Consultant : 온라인 보안에 관한 조언을 해주는 전문가
- 스카이프 스테이징Skype Staging : 원격면접 또는 화상회의 등에서 알아야 할 에티켓, 대화기술 등을 전수하는 커리어 전문가
- 밈 에이전트Meme Agent : 개인의 개성이나 지적자산의 가치를 극대화하는 전문가
- 드론 조종사Drone Driver

어떤가요? 드론 조종사 같은 직업은 이미 현실화되었죠. 그런가 하면 미생물 밸런서는 다소 생소하군요. 이 직업들이 반드시 다 유망하다고 장담하긴 어렵지만, 현재의 기준으로는 쉽게 떠올리기 어려운 새로운 영역이라는 생각이 듭니다. 이처럼 앞으로의 직업을 생각할 때에는 기계와 경쟁하고, 나아가 기계와 공존하는 세상에 대한 상상력이 필요할 것 같습니다.

기계에 대체되지 않을 조건

CHAPTER **6**

이처럼 인공지능이 하기 어려운 인간만의 영역은 분명히 있습니다. 로봇공학자들이 인간의 능력을 부분적으로 대신할 수 있는 로봇과 인공지능, 알고리즘의 기술혁신을 이뤄내는 과정에서 맞닥뜨린 가장 큰 장애물은 대략 3가지로 요약됩니다.

첫 번째는 앞서 이야기했던 창의력입니다. 기계가 스스로 무언가 새로운 것을 만들어내도록 알고리즘화하기란 여전히 매우 어렵습니다. 이것이 가능하려면 인간이 가진 가치를 알고리즘을 통해 입력할 수 있어야 하니까요. 알고리즘으로 하여금 그림을 그리게 할 수는 있지만 잘 그린 작품과 못 그린 작품을 구별하게 할 수는 없는 것과 마찬가지입니다.

두 번째는 사회적 지능Social Intelligence입니다. 사람들과 함께 어울리면서 상대방이 내게 원하는 게 무엇인지, 내가 그들에게 원하는 게 무엇인지를 직관적인 이해를 통해 알아내는 능력을 의미합니다. 이 분야 역시 알고리즘으로 만들기 어렵습니다. 인간이 다양한 환경과 사람들 간의 관계에서 느끼는 감정을 기계가 데이터 속에서 찾게 할 수 있을까요? 아직은 낙관하기 어렵습니다.

세 번째는 매우 복잡한 사물들이 뒤섞여 구조화되지 않은 환경에서 상호작용하는 인간의 능력입니다. 서류더미와 안경, 지갑과 스마트폰 등 다양한 물건들이 어지러이 흩어져 있는 책상에서 무언가를 집어들거나 발견하는 것 역시 아직은 기계가 해내기 어렵습니다. 책상 위에 놓인 각각의 물건들과 주변 환경에 대한 깊은 이해가 있어야 가능한 일들이기 때문이죠. 이 어려운(?) 일을 사람들은 직관을 통해 해결합니다.

"인간은 도구를 만들고 불을 사용하고 농업을 하고 문자를 사용하면서 오늘날까지 왔습니다. 이런 도전과 혁신이 인간을 오늘날의 인간으로 만들었습니다. 인공지능도 그러한 혁신의 계기가 될 겁니다."

《인간의 위대한 질문》을 펴낸 종교학자 배철현 교수가 〈동아일보〉와의 인터뷰에서 한 말입니다. 배 교수는 "인공지능이 수많은 전통적 일자리를 대체할 것으로 예상되는 상황에서 인간의 노동과 직업의 의미를 새롭게 정의해야 할 것"이라 했습니다. 그가 강조하는 것은 창의성과 맞닿아 있습니다. "불가능에 대한 도전과 창조가 인간을 인간이게 만들며, 이는 인공지능은 하지 못하는 일"이기 때문이

죠.[42]

기술발전이 만들어내는 사회는 점점 더 많은 창의력과 기업가정신, 주변과 상호작용하는 능력을 요구하는 방향으로 이동해가고 있습니다. 실제로 과거 10년 동안 이 같은 능력을 가진 인재들은 기계의 영향을 거의 받지 않았고 오히려 가치가 더욱 커졌습니다.

따라서 만약 지금의 직업이 창의력을 요하거나 사람들을 설득하기 위해 협상해야 하는 사회적 지능과 능력을 요구하는 직업이라면 상대적으로 안전할 수 있습니다. 이런 사회적 지능들은 아직 기계가 인간을 따라오지 못하고 있기 때문입니다.

물건을 만지고 조작하는 일들도 기계에게는 아직 어려운 분야입니다. 인간의 인지능력과 관련된 부분이기 때문이죠. 사람은 안경을 들어올리기 위해 특별한 노력을 기울이지 않습니다. 사람은 어떤 물체를 배경과 구별하는 데 탁월한 능력을 가지고 있습니다. 반면 기계가 비슷한 일을 수행하려면 필요한 모든 정보들이 입력돼 있어야 합니다. 인간은 한 번에 2만 번이 넘는 인지과정을 통해 안경과 배경을 쉽게 구분해서 들어올릴 수 있습니다. 어느 정도 세기로 안경을 잡아야 부러지지 않는지, 어느 정도 힘을 가해야 안경의 무게를 들 수 있는지 직관적으로 판단합니다. 주변 환경과의 끊임없는 관찰과 상호작용을 통해 주변 환경을 이해하고 있는 것이죠. 이런 능력은 기계에게는 아직 어렵습니다.

사회적 지능과 창의력, 그리고 인간이 오랜 진화의 역사를 통해 학습해온 자율조작 능력은 현재 혹은 앞으로 인간이 가지게 될 직업이 사라질 위험에 처했는지 아닌지를 가늠할 수 있는 좋은 지표입니다. 만약 직업이 패션디자이너이거나 홍보와 관련된 일이라면 기계에 의해 대체될 가능성은 낮다고 볼 수 있을 겁니다. 이런 일들은 사회적 지능이나 창의력을 필요로 하기 때문이죠.

그렇다면 로봇공학자들이 기계에게 학습시킬 수 없는 3가지 장애물 즉 창의력과 사회적 지능, 주변 환경과 상호작용하는 인간의 능력들은 어떻게 얻어질까요? 곰곰이 생각해보면 이런 능력들은 무언가를 깊이 탐구하거나 다양한 사람들을 만나 소통하는 과정에서 얻어지는 것들입니다.

세계적인 로봇공학자가 된 UCLA의 데니스 홍 교수는 창의력의 중요성을 이렇게 설명하고 있습니다.

"창의력은 뇌가 놀 때 나옵니다. 논다는 표현은 그냥 마구잡이로 논다는 의미가 아니라 많은 경험을 쌓아야 한다는 이야기입니다. 익숙하고 미리 짜여진 틀에서 벗어나서 다른 분야의 사람들과 소통하고 여행을 하거나 먹어보지 못한 음식을 먹고 새로운 음악을 듣는 것들이 바로 놀이입니다. 저는 뇌과학 전문가는 아니지만, 이런 행동들이 뇌에 모종의 영향을 미치는 것 같습니다. 한 예로 제가 학생 때 공원에서 어떤 아주머니가 딸의 머리를 땋아주는 걸 본 적이 있습니다.

머리 땋은 사람은 많이 봤지만 머리를 땋는 프로세스를 본 건 처음이었어요. 머리카락을 세 갈래로 나누고 서로 엇갈리게 넣고 빼는 과정이 너무 흥미로워서 가지고 있던 노트에 스케치해놨죠. 10년 후 제가 교수가 됐을 때 미국 해군에서 걷는 로봇을 개발하자는 제안을 받았습니다. 늘 그랬듯이 아이디어를 얻기 위해 그동안 스케치해놨던 노트를 펼쳐보는데, 머리를 땋아주던 모녀의 그림을 보는 순간 머리카락이 로봇의 다리로 보였습니다. '아, 다리가 이렇게 움직일 수 있겠구나' 해서 개발한 로봇이 다리가 셋인 스트라이더라는 로봇이에요. 매우 성공적인 로봇 중 하나죠. 이처럼 창의력이란 아무것도 없는 것에서 새로운 무언가를 만들어내는 게 아니라 기존에 있던 전혀 다른 것들을 연결시켜 새로운 걸 만들어내는 능력이라고 생각해요. 그게 바로 창의력이죠."

탐구의 중요성에 관해 다음소프트의 송길영 부사장은 '어떤 문제를 풀 것인지'를 정해야 한다고 말합니다. 자신이 풀기로 한 문제가 곧 직업이 될 것이기 때문입니다.

"지금까지는 옆에 있는 친구보다 내가 더 잘하는 것을 골랐다면 앞으로는 기계가 못하는 것 중에서 직업을 고르거나 교육해야 합니다. 경쟁상대가 옆의 친구가 아니라 전혀 엉뚱하게도 24시간 일하고 지치지 않는 로봇이 될 거라는 뜻이죠.

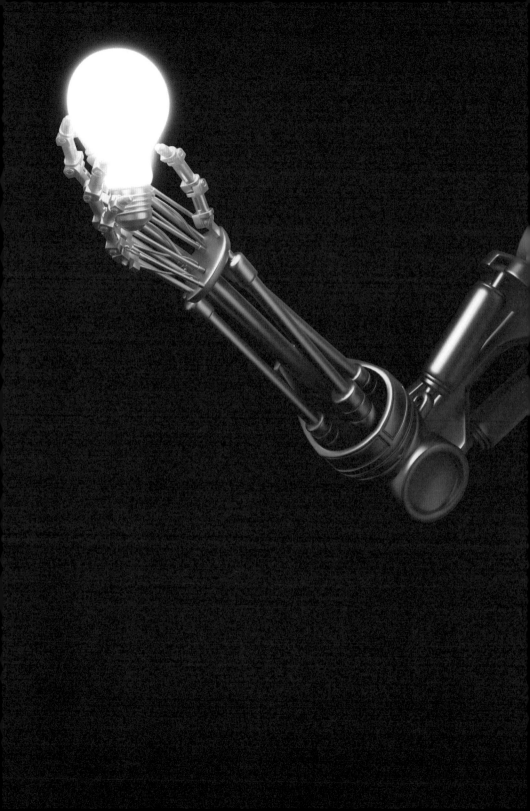

예를 들어 마케팅 컨설팅하는 사람은 안 팔리는 물건을 파는 과제를 푸는 거예요. 신제품 기획자에게는 존재하지 않던 제품을 만드는 것이 문제가 될 테고요. 그 문제를 풀기 위해 교육을 받는데, 그 문제 자체가 상상하지 못할 만큼 크거나 혹은 너무 단순해서 기계에게 더 적합하다면 안전한 직업이 아니겠죠. 기존의 문제를 풀기 위해 만들어진 교육기관은 앞으로 유효하지 않을 수도 있어요. 문제를 정의하기란 진짜 어려워요. 우리가 흔히 한국사람들은 '(수학의)정석'을 풀고 자라서 문제를 빨리 푸는 데 익숙하다고 하는데요. 사실 우리가 사는 세상은 열려 있기 때문에 문제가 교과서처럼 정확하지 않습니다. 그리고 문제를 규정하는 것은 아직까지는 기계가 하기 어려워요. 특히 높은 수준의 보상을 약속하는 문제일수록 더 어렵습니다. 규정되지 않은, 분류될 수 없는 일을 하는 게 인간이 가장 잘할 수 있는 부분이라고 봐요. 문제를 정의하고 규정하는 일들은 앞으로 상당 기간 인간이 할 것이기 때문에 그에 대한 교육을 받는다면 활로가 있으리라 생각해요.

이를 위해서는 관점을 다각도로 두고, 시점 자체를 높게 가져가야 해요. 높이 나는 새가 멀리 보는 것처럼. 그러려면 아주 깊은 통찰과 추상적인 것들을 해결할 수 있을 만큼의 관점을 습득해야 합니다. 흔히 '학제간'이라고 하는데 그것보다 더 큰 높이에서 전체 사물과 세상을 바라보는 관점을 키울 수 있는 교육이 중요할 것 같아요."

234

우리가 기회를 모색해야 하는 '문제'란 아마도 기계가 풀지 못하는 문제일 것입니다. 기계가 맞닥뜨린 3가지 장애물 속에서 인간은 기회를 찾을 수 있을 겁니다. 기계처럼 일하기 위해 노력하는 것이 아니라, 경쟁력 있는 기술을 갖추기 위해 창의력과 사회적 지능 그리고 복잡한 사물들과 상호작용을 할 수 있는 능력을 키워야 하는 것이죠.

인간만이 가진 이 같은 능력은 자동화로 발생할 수많은 문제들을 푸는 데 반드시 필요한 능력이기도 합니다. 자율주행차가 보행자를 들이받았을 때 법적 책임이 자동차 제조사에 있는지 자율주행차에 타고 있는 사람에게 있는지와 같은 복잡한 문제를 정의하고 풀어낼 수 있는 역량은 갈수록 더욱 중요해질 겁니다. 다가오는 사회에서 제기될 문제들은 과거 우리가 해결해왔던 문제들과는 근본적으로 다른 모습일 가능성이 높습니다. 기존의 문제들을 풀기 위해 만들어졌던 교육 시스템이 바뀌어야 하는 이유죠.

새로운 교육 시스템이
필요하다

CHAPTER **7**

모든 것이 자동화되는 시대가 오기 전에 우리는 무엇을 준비해야 할까요? 과거에는 새로운 비즈니스나 기업의 탄생에서 일자리가 만들어지는 구조였지만, 앞으로는 다를 겁니다. 새로 생겨나는 기업이 계속 줄어들 테니까요. 미국에서는 새로 설립되는 기업은 지난 30년 동안 계속해서 감소해왔습니다. 2008년부터는 새로 설립되는 기업들보다 오히려 문을 닫는 기업이 더 많아졌지요. 그나마 생기고 있는 기업들도 사람 대신 로봇을 들여오는 실정입니다. 혁신적인 기술의 출현과 기존 사회 시스템 간의 충돌로 빚어지는 사회갈등을 줄이고, 기술발전으로 도태될 사양산업에 종사해온 많은 인적자원을 새로운 질서에 적응시키기 위해 다양한 고민을 시작해야 하는 이유가 여기에 있습니다.

보스턴컨설팅그룹의 보고서에 이에 대한 힌트가 있습니다. 로봇 혁명으로 파괴되는 일자리를 최소화하고 로봇과 협업할 수 있는 인재들을 어떻게 길러낼 것인지 고민해야 한다는 것입니다. 로봇에 대

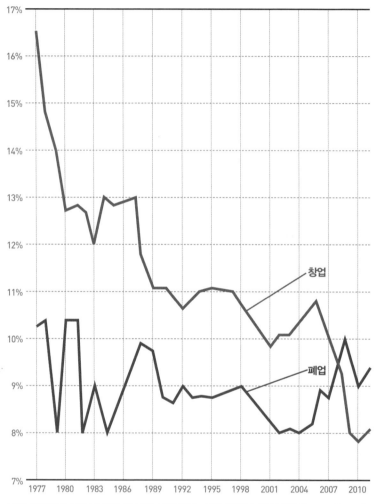

▼지난 30년간 미국 내 창업 및 폐업 추이(출처 : 미국 통계국 사이트U.S.Census Bureau)

체될 위험이 높은 전통적인 직종의 노동자들을 로봇과 함께 일할 수 있도록 재교육하고, 새롭게 부상하는 미래 직업으로 전환할 수 있는 사회경제적인 환경을 마련해가야 한다는 의미 또한 담고 있습니다.

다행히 지금이 최악의 상황은 아닙니다. 어느 순간 알파고를 개발한 데미스 허사비스 같은 인재들이 또 다른 혁신적인 기술을 선보일 수 있겠지만, 공상과학 영화에서나 나올 법한 인간처럼 생각하고 행동하는 기계의 출현은 아주 먼 미래에나 가능합니다. 때문에 이 분야의 많은 전문가들은 현재 일어나고 있는 일과 먼 미래에 인간이 마주하게 될 일들을 구분해서 바라볼 것을 주문합니다. 지금 필요한 것은 지금과는 다른 경제의 톱니바퀴로 굴러갈 미래를 예측하고 준비해나가는 일입니다. 최악의 상황이 닥치기 전에 말이죠.

기술의 발전은 일자리를 무용지물로 만들었을 뿐 아니라 우리가 일하는 방식 자체를 변화시켜 왔습니다. 저널리즘 분야를 예로 들어볼까요? 과거에는 신문에 실을 수 있는 기사를 작성하는 게 전부였습니다. 그러나 인터넷과 모바일 기기들이 등장하면서 하나의 플랫폼이나 채널에만 적용할 수 있는 기사가 아니라 다양한 플랫폼에 적용 가능한 기사를 쓰라는 압박이 가해집니다.

오늘날 전 세계 수많은 젊은이들은 기술에 관한 경험과 지식에 기반한 일자리를 제외하고는 자신의 앞날에 어떤 일자리가 기다리고 있는지 알 수 없는 불확실한 상황에 직면해 있습니다. 이들에게 주어진 가장 큰 도전은 안정된 좋은 일자리를 얻는 것뿐 아니라 자신이 가진 경험과 지식을 활용해 미래사회가 필요로 하는 경력을 쌓는 것일 겁니다. 이 같은 목표를 성취하기 위해서는 변화 방향에 맞는 교육 시스템이 먼저 뒷받침돼야 합니다. 새로운 교육을 통해 새로운 인재들을 배출해야 하니까요. 기자들이 변화된 플랫폼에 맞는 기사를 쓸 수 있으려면 그에 맞는 교육훈련을 받아야 합니다. 실제로 최근에는 html 프로그래밍이나 모바일 기술을 기사 작성에 활용하는 방법이나 인포그래픽Infographic 혹은 데이터 저널리즘 등 예전에는 존재하지 않았던 새로운 기사작성법이 저널리즘의 커리큘럼에 포함되고 있습니다. 이런 변화는 전문 분야의 인력을 양성하는 모든 현장에서 일어날 겁니다.

런던정경대 경제학과의 앨런 매닝Alan Manning 교수 또한 교육에 대한 투자를 강조했습니다. 기술의 진보가 빈익빈부익부 체제를 강화하지 않도록 하려면 교육이 반드시 필요하다는 것입니다. 그는 "로봇의 부흥Rise of Robot"이라는 기사에서 로봇기술이 발전하면서 생겨나는 이득이 사람들 사이에 공정하게 분배되어야 한다고 주장했습니다. 특히 기술에 직업을 빼앗긴 이들을 어떻게 구제할 것인가 하는 문제는 장기적 안목으로 숙고해야 할 사안입니다. 대안의 하나로 그는 교육에 대한 투자를 강조합니다.

"많은 영국 인구가 여전히 낮은 수준의 교육을 받습니다. 이들이

노동시장에 성공적으로 적응할 수 있도록 도와야 합니다. 15년 전에 나는 고용형태가 변화할 것이라는 인상적인 논문을 보았고 경제학 자들은 대부분 낮은 기술을 요하는 직업은 사라지고 높은 기술을 요 하는 직업은 고용이 더 늘어날 것이라 예상했습니다. 그리고 어떤 식 으로든 세상이 더 나아질 것이라고 생각했죠. 그러나 데이터를 살펴 본 후, 이러한 생각이 너무 순진했다는 것을 깨달았습니다. 기술 수 준이 중간인 직업이 사라질 것임을 알았기 때문입니다. 이는 곧 중산 층의 삶의 질이 떨어진다는 것을 뜻했습니다. 나는 이런 양상에 대해 10년 전부터 글을 쓰기 시작했어요. 그러자 갑자기 많은 사람들이 관심을 가지기 시작했죠. 많은 정책들이 중산층의 수입을 높여주는 방향으로 변하게 되었습니다."

　하지만 교육의 미래를 이야기하기란 쉽지 않습니다. 어떤 일자리 가 생길 테니 이에 맞는 교육을 받아서 새로운 직업을 준비하라고 하 면 좋을 텐데 그러기가 어렵습니다. 때문에 어느 직종에 맞춘 족집게 식 교육보다는, 미래에 어떤 일자리가 새로 만들어졌을 때 기존의 일 자리에서 빨리 이동해갈 수 있는 역량을 키워주는 교육이 더 많이 이 루어질 필요가 있습니다.
　로봇과 알고리즘의 발전으로 인간이 기계와 경쟁하게 된다는 것은 결국 그만큼 직업내용의 변화가 많아지고 또 빨라진다는 의미입니다. 그러므로 산업현장에 맞는 인재들보다는 인간만이 가진 능력을 갖춘 인재를 양성하는 교육 프로그램이 더욱 중요해질 수밖에 없습니다. 궁극적으로는 사회변화에 맞춰 언제든 직업을 바꿀 수 있도록 평생 교육받을 수 있는 체계를 만드는 데 더 많은 노력을 기울여야 할 테고요. 지금처럼 대학을 마치면 모든 교육이 끝나고, 20~30대에 정한 직업을 평생 영위하는 삶의 방식은 맞지 않는 세상이 올 테니까요. 평생직업으로 생각한 일이 빠른 기술변화 때문에 사라지기라도 한다면 개인이나 사회에 큰 혼란이 생길 수밖에 없기 때문입니다.

이런 점에서 우리나라 교육이 많이 변화해야 한다는 데에는 사회적 공감대가 형성된 듯합니다. 현재 한국의 교육은 장시간 책상을 지키는 전통적인 형태에 여전히 머물러 있습니다. 한국 학생들의 수업시간은 세계적으로 비교해보아도 매우 깁니다. 프랑스, 호주 등은 대개 늦어도 3~4시면 학교 수업이 끝나지만 우리나라 고등학생은 평일에 11시간 가까이 공부에 매달려 있는 실정입니다. 학습시간 줄이기 캠페인을 벌이는 청소년인권행동 단체 아수나로는 하루 6시간, 주 35시간을 학습시간 상한선으로 제시합니다. 하루 몇 시간이 적정 학습시간인지에 관해서는 다양한 의견이 있겠지만, 오랜 시간 책상 앞에서 공부하는 것을 '학습열' 또는 '교육열'로 미화하는 것은 인권 측면에서는 물론 미래전략 차원에서도 결코 바람직하지 않다는 데에는 이견이 없습니다.[43]

이런 한국의 교육 시스템을 미래학자 엘빈 토플러는 "공장처럼 돌아가고 있다"고 비판하기도 했습니다. 학생들을 정해진 스케줄에 따라 움직이는, 공장에서 필요로 할 법한 사람으로 길러내고 있다는 것이죠. 미래의 직업 리스트에 이런 아이들은 필요가 없는데 말이죠.

알파고를 개발한 딥마인드의 데미스 하사비스는 어릴 때부터 체스 천재로 유명했지만, 한편으로 그는 어릴 때 게임에 미쳐 있던 '게임광'이었습니다. 자신의 취미와 장기를 살려 17세에 게임을 개발해 공전의 히트를 치기도 했죠. 이런 생각을 해봅니다. 그가 만약 한국에서 태어나 자랐다면 그의 게임 취미는 온전히 키워질 수 있었을까요? 그 좋은 머리로 공부는 안 하고 게임만 한다는 비난을 면할 수 있었을지 의문입니다.[44]

데니스 홍 교수가 그 예입니다. 그는 세계가 손꼽는 로봇공학자입니다. 하지만 자신의 꿈을 한국에서는 펼칠 수 없었습니다.

"저는 한국에서 대학교를 다니다가 3학년 때 미국으로 가서 편입을 했습니다. 저는 어렸을 때부터 정말로 로봇공학자가 되고 싶었어요. 고3 때 내가 대학교만 가면 로봇 연구를 할 수 있겠구나 그 생각만 하고 열심히 공부했는데 웬걸, 대학교에 들어가니 분위기가 그게 아니에요. 연구에 참여하고 싶었는데 학부 학생들은 그런 연구에 참여 시켜주지 않는다는 겁니다. 그래서 미국으로 갔는데 그곳에서 큰 연구 프로젝트에 참여했고, 그게 제게 굉장히 도움이 됐습니다."

아울러 그는 우리나라 교육이 정해진 답만 찾도록 강제한다고 비판합니다.

"제가 엔지니어링 교수니까 공학을 예로 들어 얘기할게요. 미국 공학계에서는 '핸즈 온 마인즈 온hands on, minds on'을 중시합니다. 손으로 직접 만들고 만지며 생각하는 거죠. 수학문제를 주면 우리나라 학생들은 기가 막히게 풀어요. 미국 학생들이 인간 계산기라면서 깜짝 놀랍니다. 그런데 한국 학생들에게 프로젝트를 준다든가, 답이 있는지 없는지 모르는 문제나 답이 여러 개인 문제를 주면 정말 헤매요. 어떻게 해야 할지 몰라요. 왜 그럴까요? 우리나라의 주입식 교육 때문이 아닐까요? 지식을 집어넣는 것도 물론 중요합니다. 하지만 지식을 분석하고 데이터를 프로세싱하는 것은 사실 컴퓨터가 더 잘합니다. 컴퓨터나 로봇이 할 수 없는 분야에 집중해야 해요. 창의적이고 비판적인 생각을 할 수 있도록 어렸을 때부터 새로운 교육 패러다임이 필요하다고 생각해요."

불확실한 미래를 고민하는 많은 사람들에게는 앤드루 맥아피 교수의 말이 좋은 지침이 될 수 있습니다.

"저는 미래의 삶을 대비하기 위해 바뀌어야 할 본질적인 부분이 교육이라고 생각합니다. 미국, 유럽 그리고 한국을 포함한 많은 나라들이 매우 오래전에 만들어진 교육 시스템을 통해 100년 전에나 필요했던 사람들을 길러내고 있어요. 지금 이 순간에도 읽고 쓰고 수학 문제를 풀 수 있는 노동자들을 키우고 지시사항에 따라 정해진 대로 일하는 노동자들로 교육시키고 있습니다. 앞으로는 이런 사람들이 필요 없을 겁니다. 로봇이 그들을 대신하게 될 테니까요. 로봇은 이미 우리보다 수학문제를 더 잘 풀고 있습니다. 얼마 안 있으면 우리보다 읽고 쓰는 것도 더 잘할지 모르죠. 기술이 더 잘하는 능력을 갖도록 만드는 게 교육의 목적이 되어서는 안 됩니다. 대신 우리는 기술이 잘하지 못하는 분야를 교육시켜야겠죠. 예컨대 혁신이나 창의력 혹은 정말 흥미로운 질문을 할 수 있는 능력 같은 것들입니다. 과학기술은 그런 분야에서 두각을 나타내지 못합니다. 그런데 현재의 교육 시스템은 오히려 사람들의 창의력을 없애는 방향으로 나아가고 있어요. 매우 기본적인 스킬과 지시에 따라 일하는 사람들을 만들어내고 있으니 말입니다."

그의 말에는 기계가 하지 못하는 영역에서 능력을 키워나가고 기계와 어떻게 함께 일할 수 있을지, 일하는 방식에는 어떤 변화가 일어날지에 관한 고민이 담겨 있습니다. 인간보다 똑똑한 기계와 함께 일하는 환경에 적응하고 새롭게 출현하는 기술을 활용할 방안을 찾는 일은 미래사회가 필요로 하는 능력이 무엇인지 깨닫고 어떤 역량을 키워나가야 하는지 찾는 것과 밀접하게 연관돼 있습니다.

그런 점에서 미래의 일자리를 대비하는 교육은 물론, 기술의 발달을 교육에 접목하는 시도도 필요합니다. 유럽 학생들은 전자계산기를 사용하기 때문에 계산은 우리나라 학생들보다 훨씬 못합니다. 하지만 거꾸로 생각해보면 우리가 계산법을 외울 시간에 그들은 다른 공부를 하고 있다는 얘기가 됩니다. 그 시간이 쌓일수록 수학적 능력에 많은 차이가 날 테고요.

외국어는 어떤가요? 외국어가 필수인 직업이 있으므로 그들은 계속 외국어를 열심히 공부해야 합니다. 하지만 그 외의 사람들까지 외국어에 목을 맬 필요가 있는지는 생각해볼 문제입니다. 온 국민이 외국어 점수를 올리려 공부하는 것보다는 자동번역이 가능한 수준 높은 프로그램을 사용하는 것이 국가적으로도 이득입니다. 그 시간에 다른 공부를 할 테니까요.

강정수 소장은 '알고리즘 사회'에 어떻게 대응할 것인지에 대한 사회적 논의가 필요하다고 역설합니다. 독일을 비롯한 일부 국가들에서는 알고리즘 사회의 환경 변화에 따라 교육 시스템이 어떻게 바뀌어야 하는지에 대해 이야기하고 있습니다. 한마디로 위키피디아에 나오는 지식을 암기해서 시험을 볼 필요는 없다는 것입니다. 찾으면 나올 수 있는 것을 왜 학생들에게 테스트하느냐는 것이죠. 그것보다는 정보를 찾고, 이것을 새롭게 조합해서 새로운 지식으로 만들어내는 방향으로 교육해야 한다는 것입니다.

실제로 온라인에는 세계 유수 대학의 강의가 무료로 공개

돼 있습니다. 원한다면 언제 어디서든 석학들의 강의를 들을 수 있죠. 기술의 발달이 교육의 모습을 바꾸고 있는 좋은 예입니다. 정보와 지식을 전하는 가장 기본적인 교육은 이미 온라인에서 이뤄지고 있는 셈입니다. 교육현장에서 할 일은 질문하고 토론하는 것, 그럼으로써 새로운 지식을 만들어가는 것이 될 것입니다. 이런 맥락에서 미래에는 평생 다시 배우는 일이 일상화될 겁니다. 교육이 필요 없어지는 것이 아니라 더욱 중요해질 것이란 의미입니다. 기술이 새로운 변화를 끊임없이 만들어내면서 인간과의 협력을 요구할 것이기 때문이죠.

협업은 가능하다

UCLA의 데니스 홍 교수는 자율주행차를 개발해 2007년 자율주행차 경주대회에서 3위에 입성한 바 있습니다. 그런데 그 즈음 그는 흥미로운 제안을 받았다고 합니다. 시각장애인용 자동차를 개발해달라는 것이었습니다.

처음에는 자율주행차에 시각장애인을 위한 시설만 넣으면 되겠다고 생각했지만, 그가 만들어야 했던 것은 시각장애인이 직접 '운전'하는 자동차였습니다. 이는 컴퓨터로 운전하는 것보다 더 까다로운 프로젝트인지도 모릅니다. 컴퓨터로 차선이나 장애물, 온갖 돌발상황을 체크한 다음 앞을 보지 못하는 운전자에게 '전달'해야 하니까요. 데니스 홍 교수는 운전자에게 컴퓨터가 일방적으로 '지시'하는 시스템이 아닌, 운전자에게 '정보'를 전달하는 시스템을 설계하는 데 집중했다고 합니다. 안대, 장갑, 모니터 등 다양한 장치를 통해 눈앞의 상황을 이미지로 그려내는 것이죠. 마침내 2011년 1월, 선천적 시각장애를 안고 살아온 마크 리커버는 데니스 홍이 개발한 자동차를 운전하는 데 성공했습니다.

　그 후 데니스 홍은 세계 각지에서 수많은 메일을 받았다고 합니다. 대부분 감사와 격려편지였지만 개중에는 "앞 못 보는 사람을 도로에서 운전하게 하다니, 제정신이냐?"는 항의성 메일도 있었다고 합니다. 그러나 이것을 도로주행이라는 면에만 국한해 생각할 필요는 없을 듯합니다. 시각장애인용 자동차를 개발하면서 연구팀이 생각해낸 수많은 솔루션들 하나하나가 시각장애인들의 생활을 완전히 바꿔놓을 수도 있기 때문입니다.

　"저희가 사용한 센서들은 어둠 속에서도 볼 수 있고 안개와 빗속에서도 볼 수 있습니다. 우리는 이러한 기술들을 이용해 자동차를 만드는 데 응용할 수 있습니다. 혹은 시각장애인들이 사용할 일상적인 생활용품에도 말이죠. 교육 환경에서나 근무 환경에서 말입니다. 상상해보세요. 교실에서 교사가 칠판에 글씨를 쓰고 시각장애 학생이 그것을 보고 읽을 수 있다는 것을요. 비시각적 인터페이스를 통해서 말입니다. 그 가치는 값으로 따질 수 없습니다. 그런 면에서 지금 제가 보여드린 것들은 그저 시작일 뿐입니다."

　로봇혁명이 몰고 올 변화는 우리 인간을 두려움에 떨게 하고 있습니다. 하지만 미래사회가 반드시 암울하기만 할까요? 기계가 미래에 인간을 대체할 수도 있지만 보완할 수도 있고, 나아가 협업할 수도 있지 않을까요? 시각장애인에게 운전의 기쁨을 선사한 것처럼 말이죠. 기계의 도움을 받아 인간의 능력이 더 커질 수도 있을 겁니다. 웨어러블 컴퓨터나 웨어러블 로봇 같은 경우가 그런 사례죠.

인간과 기계가 협업하는 경우도 많이 나타날 겁니다. 로봇공학 기술을 이용해 영화촬영 및 특수효과를 제공하는 봇앤돌리Bot&Dolly 같은 회사는 다양한 촬영 신scene을 구현하기 위해 프로그램된 로봇 카메라를 영화 제작 등에 활용하고 있습니다. 촬영감독과 로봇이 협업하는 사례죠. 이런 협업을 통해 영화 〈그래비티〉에서 보았던 것과 같은 다양한 특수효과를 창출할 수 있습니다. 과거에는 결코 구현할 수 없었던 장면이죠. 이 기술이 보편화된다면 10년이나 20년 뒤에는 촬영감독들이 프로그래밍 능력을 갖추어야 할지도 모를 일입니다.

기계의 언어인 소프트웨어 코딩 능력은 앞으로 더욱 중요해질 겁니다. 코딩 능력이 모든 문제를 해결해주지는 않겠지만, 로봇과 알고리즘이 보편화된 사회에서 코딩을 활용한 프로그래밍 능력이 없다면 곤란할 테니까요. 코딩 능력이 있다면 알고리즘과 로봇을 새로 만들어내거나 활용할 수 있겠죠. 컴퓨터를 그저 소비하는 것이 아니라 프로그램을 직접 만들 수 있도록 교육하는 것이죠. 부수적으로 문제 해결력과 논리적인 사고력도 기를 수 있을 테고요. 수년 전부터 미국과 영국 등 많은 나라에서 코딩 교육의 중요성이 강조되고 있는 이유입니다. 버락 오바마 미국 대통령은 2015년 연설에서 "국가의 장래를 위해 코딩을 배우라"고 역설하기도 했죠. 우리나라에서도 정부 차원에서 초중등학교에서 사용할 수 있는 소프트웨어 교재를 개발해 보급하고 있고요.

프랑스 인시아드 대학에서 조직행동론을 강의하는 로더릭 스왑 Roderick Swaab 교수는 2014년에 〈사이코로지컬 사이언스〉에 흥미로운 논문을 발표했습니다. 〈너무 많은 재능의 효과The Too-Much-Telent Effect〉라는 제목의 논문이었습니다. 말 그대로 재능은 출중하지만 협력하지 않는 이들로 구성된 집단은 시너지 효과는커녕 자신의 능력을 십분 발휘하지도 못하는 실망스런 결과를 낳는다는 것이죠. 그는 2010년 월드컵에서 프랑스 대표팀이나 2012년 유러피언 챔피언십에서의 네덜란드 대표팀을 예로 듭니다. 쟁쟁한 선수들로 구성된 이들 팀은 명성에 걸맞지 않은 초라한 결과를 거두었습니다. 실제 스왑 교수가 진행한 실험에서 국제축구연맹FIFA 올스타 선수로만 채운 팀은 올스타 선수가 40%인 팀과 비슷한 성적을 거두는 것으로 나타났습니다.

이후 네덜란드 대표팀을 맡게 된 루이스 반 할 감독은 특단의 조치를 취해 2014년 월드컵 결선에 진출하는 성과를 거두었습니다. 그의 비결이 무엇이었냐고요? 유명 클럽과 계약된 최고의 선수들을 내치고, 능력은 부족하더라도 멤버들을 잘 돕는다는 평판을 받는 선수를 기용한 것이죠.

여기에 우리가 주목해야 할 지점이 있습니다. '협력'의 중요성입니다. 협력을 잘하는 사람들이 많은 조직은 팀 성과를 떨어뜨리는 '제 살 깎아먹기' 식 경쟁에 매몰되지 않고 서로 도움으로써 좋은 성과를 얻곤 합니다. 능력만 출중한 인공지능과 함께 살아갈 미래 세대가 반드시 새겨야 할 조언이 아닐까 싶습니다. 상호작용하고 협력하는 것은 기계에 기대할 수 없는, 인간만이 할 수 있는 능력이니까요.[45] 창의성과 도전정신을 가진 인간은 인공지능의 역습에 휩쓸리지 않을 것이며, 나아가 인공지능과 협업하며 공존하는 방식을 만들어 낼 것입니다.

1997년에 그 유명한 슈퍼컴퓨터 딥블루가 인간 체스 챔피언을 이겼습니다. 체스보다 훨씬 복잡한 바둑에서도 인공지능이 인간 챔피언을 이겨버렸으니, 이제 딥블루의 승리는 더 이상 새로울 것은 없다고 생각되기도 합니다. 그러나 우리가 간과해서는 안 될 이야기가 그 뒤에 펼쳐집니다.

인간과 인공지능의 대결이 세계적인 이벤트가 된 이래 많은 체스 게임이 열렸습니다. 그 과정에서 게임방식에도 변화가 생겨 인간과 인공지능이 짝을 이룬 팀이 대결에 나오기도 했습니다. '인공지능, 인간, 인간-인공지능' 이 세 범주의 플레이어들이 게임에 참가한 것이죠. 2005년에 열린 체스 게임의 승자는 인간과 컴퓨터가 짝을 이룬 팀이었습니다. 이들은 체스에 관한 한 아마추어였습니다. 게다가 그들의 짝은 5만 원짜리 체스 소프트웨어를 탑재한 일반 컴퓨터였습니다. 평범한 인간과 평범한 컴퓨터의 협업으로 인간 챔피언은 물론 슈퍼컴퓨터까지 이기고 승리한 것입니다.

이것이 체스에만 해당되는 이야기일까요? 똑같은 일이 비즈니스, 법률, 의료 등 다른 영역에서 일어나면 어떤 결과가 나타날까요? 컴퓨터는 어떤 인간보다도 뛰어난 연산능력을 보이지만, 한 살짜리 아기가 가진 인식능력을 갖추기란 여간 어렵지 않습니다. 서로의 핵심역량이 다르다는 뜻이죠. 인간과 기계가 서로의 핵심역량을 보완할 수 있다면 상당한 시너지 효과가 일어날 것이 분명합니다.[46]

EPILOGUE

기계와 함께 살기 위해
필요한 몇 가지 준비물

　이제 '흥미로운 질문'들을 시작해야 할 때가 됐습니다. 똑똑한 기계들과 함께 더 많은 시간을 보내게 될 미래에는 새롭고 익숙하지 않은 낯선 환경에서 느끼는 수많은 의문들이 더욱 많아질 수밖에 없습니다. 미래의 직업은 새로운 환경에 직면한 인류가 그동안 한 번도 의심해보지 않았던 수많은 의문을 던지고 답을 찾는 일들로 재탄생할 겁니다.

　인간과 기계, 기계와 기계의 공존은 우리가 한 번도 가져보지 않았던 질문들을 던지게 합니다. 생산력은 높아지고 더 많은 부(富)를 누릴 수 있는 미래, 하지만 일은 더욱 적어지는 사회에서 인류는 과연 어떤 모습으로 살아가게 될지에 관한 질문 같은 것들이죠.

　또한 앞으로 5년 혹은 10년 사이에 일어날 수 있는 변화들이 무엇일까에 관한 질문도 피할 수 없을 것입니다. 많은 과학자들이 판도를 바꿀 만한 일이 일어날 수 있다는 데 동의하고 있습니다. 대표적인 사례가 바로 스스로 달리는 자율주행차입니다. 기술의 진화를 목격한 수많은 사람들은 자율주행차가 인간 운전자보다 훨씬 안전하다고 믿고 있습니다. 하지만 자율주행차가 달리는 시대에는 생각지 못했던 윤리적인 논란들 또한 많아질 수밖에 없습니다.

　도로 위를 빠르게 달리던 자율주행차가 앞에 고장으로 서 있는 트럭을 발견했다고 가정해보죠. 그대로 달리면 트럭과의 충돌을 피할 수 없고, 차로를 바꾸면 맞은편에서 달려오는 오토바이와 충돌할 수밖에 없는 상황입니다. 만약 사람이 운전하는 자동차였다면 어떤 식으로든 결론이 날 겁니다. 자신이 목숨을 잃거나 오토바이 운전자의 생명을 빼앗게 되겠죠. 자율주행차는 이처럼 복잡하고 애매한 상황에서 특정한 결과값을 도출하기 위해 미리 입력된 수많은 공식들에 의해 움직일 수밖에 없습니다. 누군가가 미리 이런 상황을 상상하고 가정해 프로그램해야 한다는 것이죠. 이런 프로그램을 개발해 스스로 달리는 자동차에 탑재하는 능력도 미래에는 중요한 직업이 될 수 있습니다.

　하지만 미래사회에서 제기될 수 있는 더욱 흥미로운 질문은 다른 곳에 있습니다. '이렇게 중요한 결정들을 프로그래머에게만 맡겨둘 수 있는가' 하는 점이죠. 만약 어떤 프로그래머의 결정에 의해 자율주행차가 트럭과의 충돌을 피해 차로를 바꾸고 오토바이 운전자를 사망에 이르게 했다고 생각해봅시다. 이 경우 오토바이 운전자를 죽음에 이르게 한 책임은 프로그래머에게 있는 걸까요?

인간과 기계가 공존하는 사회에서 인류는 쉽게 답하기 어려운 수많은 윤리적 질문들을 마주하게 될 겁니다. 미래에 필요한 인재들은 이러한 문제를 찾아내고 해답을 도출할 수 있는 능력을 가진 사람들입니다. 그러기 위해서는 기계와 인간이 공존하게 될 사회에 필요한 가치들을 정렬하고 우선순위를 매기는 방식 등에 관해 폭넓은 사고와 상상력을 동원하는 능력이 있어야 합니다.

로봇과 인공지능은 이미 우리 삶 깊숙이 들어오고 있습니다. 언젠가는 로봇이나 인공지능에게 인류의 최대 적인 암을 치료해달라고 부탁할 수도 있겠죠. 이때 만약 기계들이 인간과 같은 가치관으로 움직여주지 않는다면 암을 지구상에서 없애는 가장 빠른 방법은 인류를 없애는 길이라는 결론에 도달할 수도 있을 겁니다. 인간과 기계가 공존하는 시대에는 인간이 수십만 년 동안 축적하고 형성해온 가치관들을 어떻게 기계에 부여할지에 관한 고민 또한 많아질 겁니다. 앞으로 인류가 풀어야 할 엄청난 도전이 되겠죠. 암을 정복하기 위해 인류를 없애서는 안 된다는 결론에 다다르게 하기 위한 노력들이 이어질 겁니다.

이는 비단 윤리적이거나 휴머니즘 차원의 추상적 문제만이 아닙니다. 당장 기업의 비즈니스에 직결되는 매우 현실적이고 실용적인 문제입니다. 퇴근이 늦은 부모를 대신해 아이의 저녁식사를 준비해야 하는 로봇이 있다고 합시다. 냉장고가 비었다고 로봇이 반려동물을 요리해버리면 어떻게 되죠? 끔찍한 상상이라고요? 그러나 반려동물이 가족의 중요한 구성원이라는 것을 이해하지 못한 로봇에게는 충분히 가능한 대안입니다. 물론 이런 로봇을 판매한 회사는 하루아침에 망하겠죠. 로봇과 인공지능을 연구하는 회사들은 이 같은 질문들을 심각하게 받아들이게 될 겁니다. 경제적 동기와 직결되기 때문입니다.

미래에는 이처럼 지금까지 존재하지 않았던 새로운 질문들과 규칙들이 생겨날 겁니다. 존재하지 않았던 문제들을 찾아내 정의하고 인간과 기계가 공존하면서 제기되는 수많은 논란들 속에서 답을 찾아내는 상상력과 사고력은 답이 정해진 문제를 주어진 시간 안에 빨리 풀어내는 지금의 교육방식으로는 결코 길러질 수 없습니다. 주변의 수많은 도구들을 동원해 새로운 방식으로 결합하거나 해체해보고 다시 연결해 기계가 풀 수 없는 문제들을 찾아내고 풀어내는 능력이 필요한 시대로 나아가고 있습니다. 인공지능과 로봇을 만들어내는 기술 못지않게 그 기술들이 인간사회와 결합되면서 야기되는 수많은 문제들을 해결하는 능력이 미래에 더욱 필요합니다.

미래를 예측하기란 어렵습니다. 그리고 어떤 직업들이 미래에 사라지고 생겨날지에 관한 담론 또한 우리가 마주하게 될 변화무쌍한 미래의 모습들 중 한 조각에 불과합니다. 미래에 어떤 직업을 가져야 할까라는 질문과 접근방식만으로는 우리가 직면할 수많은 문제들에 대한 답을 찾기 어렵습니다. 그보다는 로봇과 인공지능이 만들어낼 거대한 잠재력을 어떻게 인간과 사회발전을 위한 도구로 활용할 수 있는지를 고민해야 합니다. 망치 하나로 집을 짓겠다는 무모함보다는 자신이 어떤 집을 지을지 먼저 상상하고 필요한 도구를 찾아서 활용하는 방법이 더욱 현명한 것처럼 말이죠.

미래에는 지금보다 유용한 도구가 훨씬 많아질 겁니다. 수많은 기계들이 인간 옆에서 도움을 줄 테니까요. 인간에게 필요한 것은 그 도구들의 장점과 문제점을 잘 파악한 다음 필요에 따라 조합해 활용할 줄 아는 능력입니다. 이 능력이 있는 이에게는 미래의 도구들이 그동안 풀지 못했던 수많은 문제를 풀도록 도와줄 겁니다.

인간의 두뇌는 에너지 효율이 굉장히 높은 프로세싱 엔진입니다. 아직 인간의 두뇌에 근접한 컴퓨터가 만들어지지 않고 있는 이유이기도 합니다. 기계와 인간은 각자 무엇을 잘하는지가 뚜렷하게 다릅니다. 기계의 발전이 놀라운 수준에 다다르고 있지만 그럼에도 기계가 가질 수 없는 인간만의 능력이 있죠. 그중 하나는 바로 무언가를 추진하도록 만드는 '동기부여'입니다. 지금 우리가 감탄하는 놀라운 기술들도 모두 호기심 많은 누군가의 필요와 동기에 의해 만들어졌습니다.

우리가 할 수 있는 최선의 방법은 변화를 열린 마음으로 받아들이고 관찰하는 것입니다. 그리고 변화의 와중에 마주할 문제들을 상상하고 하나하나 풀어가겠다는 동기를 부여하는 것이죠. 하나 더, 인간은 기계와 매우 다르고 특별한 존재라는 사실을 잊지 않는 겁니다.

기계와 함께 살기 위해 필요한 몇 가지 준비물

주(註)

1) "It is comparatively easy to make computers exhibit adult level performance on intelligence tests or playing checkers, and difficult or impossible to give them the skills of a one-year-old when it comes to perception and mobility."

2) 천인성, " '자녀의 미래' 설계하고 계신가요 꿈과 끼 믿고 지켜보는 건 어떨까요", 중앙일보, 2016.3.17.

3) Carl Benedikt Frey and Michael Osborne, "The Future Of Employment: How Susceptible Are Jobs To Computerisation?", 2013.9.17.

4) A. M. Turing, "Computing Machinery and Intelligence", Mind 49: 433—460. 1950.

5) "The Future of AI: Opportunities and Challenges", The Future of Life Institute, 2015.

6) 추가영, " '인간語 이해하는 AI, 대화하며 정보검색할 것', 한국경제, 2016.3.17.

7) http://www.neil-kb.com

8) http://www.qnx.com

9) Chris Urmson, TED 2015 conference in Vancouver.

10) 박상숙, "무인차는 시기상조… 사람 죽을 수도", 서울신문, 2016.3.17.

11) "2014 National Occupational Employment", US Department of Labor.

12) 윤수경, " '인공지능, 사람 삶 관심 가져야', '빅 데이터가 정확성 좌우할 것' ", 서울신문, 2016.3.17.

13) 연지연, "[디지털경제 명암]① 1·2·3차 산업 넘나드는 IT혁명", 조선일보, 2014.5.15.

14) "The Great Decoupling: An Interview with Erik Brynjolfsson and Andrew McAfee", Harvard Business Review, 2015.

15) 애플 806조 원, 페이스북 257조 원, 아마존 192조 원.(2015년 3월 23일 세계 상장 IT기업 시가총액 기준)

16) 키바를 도입한 거대기업들로는 갭(The Gap), 월그린(Walgreens), 스테이플스(Staples), 길트 그룹(Gilt Groupe), 오피스디포(Office Depot), 크레이트앤배럴(Crate&Barrel), 삭스피프스애비뉴(Saks 5th Avenue)등이 있다.

17) http://www.rethinkrobotics.com

18) 1TB = 1024GB

19) 박스 스코어(Box Score) : 각 선수의 경기실적을 상세하게 기록한 경기 결과표.

20) 고승욱, "AI한테 직장 뺏기는 거 아냐？", 국민일보, 2016.3.17.

21) 박희창, "투자도 인공지능 시대… 금융의 알파고 로보어드바이저 뜬다", 동아일보, 2016.3.17.

22) 권오성, "세계 최고위급 임원 10명 중 6명 '빅 데이터, 사업 핵심가치', 한겨레, 2015.3.24.

23) Nathaniel Popper, "The Robots Are Coming for Wall Street", NewYork Times, 2016.2.25.

24) 신동훈, "'앱트레이너'와 운동해볼까", 조선일보, 2015.3.20.

25) 박정현, "'로봇, 인간을 대체' 知的 노동까지 하며 수많은 사람 일자리 뺏을 것", 조선일보, 2016.4.2.

26) 히헌형, "20억 개 일자리 곧 사라져…가상현실 · 3D프린터 등 新산업 서둘리라", 한국경제, 2014.10.1.

27) 서영아, "AI, 산업혁명 수준 변화 가져올 것 그래도 결국 모든 것은 인간이 결정", 동아일보, 2016.3.17.

28) 김미나, "AI '完生' 되면… 인간 설 자리 잃는 '無人시대' 도래", 국민일보, 2016.3.17.

29) 장경덕, "일에 대하여", 매일경제, 2016.3.17.

30) "'숙박공유업체 에어비앤비는 불법'…법원 첫 판결", 연합뉴스, 2015.9.23.

31) 이종혁, "자율주행서 법률 금융까지 활용 무한대 2024년 AI시장 3조弗", 서울경제, 2016.3.17.

32) 강정수, "[야! 한국사회]인공지능 격차", 한겨레, 2016.5.18.

33) "로봇 미래전략(2013~2022)", 지식경제부, 2012.10.17.

34) 권오성, "12년 전 AI 괴짜들에 120억 '종잣돈'… 캐나다처럼 할 수 있을까", 한겨레, 2016.3.17.

35) 이순혁, "'한국 AI, 미국의 75% 수준…일·EU·중국에도 뒤처져", 한겨레, 2016.3.16.

36) 김수진, "[디지털경제 명암]③ 인간만의 고급 인지 감성 더 중요해진다", 조선일보, 2014.5.19.

37) "Will a robot take your job?", BBC. http://www.bbc.com/news/technology-34066941

38) 권오성, "인공지능 두려워 말라… 인간 삶에 도움 될 것", 한겨레, 2016.3.17.

39) "How Social Robotics is Revolutionising Therapy for Autistic Children", MIT Technology Review, 2013.11.15.

40) 나준호, "로봇·인공지능의 발전이 중산층을 위협한다", LG Business Insight, 2014.7.9.

41) "20 Jobs of the Future", Sparks&Honey, 2013.9.19.

42) 조종엽, "'인간의 뇌 따라 한 AI… 공포 아닌 창조적 혁신 도구'", 동아일보, 2016.3.16.

43) 공현, "하루 6시간 학습", 한겨레, 2015.3.30.

44) 김준동, "'이단아' 하사비스", 국민일보, 2016.3.17.

45) 김제림, "슈퍼스타 모았더니 참패… 잘 돕는 사람 뽑아야", 매일경제, 2015.
    3.20.
46) "Winning the Jobs War by Embracing Smart Machines", Trend Magazine,
    2012.4.6.